2022 年版全国二级建造师执业资格考试历年真题+冲刺试卷

水利水电工程管理与实务

历年真题+冲刺试卷

全国二级建造师执业资格考试历年真题+冲刺试卷编写委员会　编写

中国建筑工业出版社
中国城市出版社

图书在版编目（CIP）数据

水利水电工程管理与实务历年真题+冲刺试卷／全国二级建造师执业资格考试历年真题+冲刺试卷编写委员会编写. —北京：中国城市出版社，2021.10

2022年版全国二级建造师执业资格考试历年真题+冲刺试卷

ISBN 978-7-5074-3394-4

Ⅰ.①水… Ⅱ.①全… Ⅲ.①水利水电工程-工程管理-资格考试-习题集 Ⅳ.①TV-44

中国版本图书馆CIP数据核字（2021）第182894号

责任编辑：李 璇 牛 松
责任校对：姜小莲

2022年版全国二级建造师执业资格考试历年真题+冲刺试卷

水利水电工程管理与实务历年真题+冲刺试卷

全国二级建造师执业资格考试历年真题+冲刺试卷编写委员会 编写

*

中国建筑工业出版社、中国城市出版社出版、发行(北京海淀三里河路9号)

各地新华书店、建筑书店经销

北京鸿文瀚海文化传媒有限公司制版

天津翔远印刷有限公司印刷

*

开本：787毫米×1092毫米 1/16 印张：10 字数：212千字

2021年11月第一版 2021年11月第一次印刷

定价：**26.00**元

ISBN 978-7-5074-3394-4

（904392）

前　言

众多考生的实践证明，“只看书，不做题”与“只做题，不看书”一样，是考生考试失败的重要原因之一。因此，考生在备考时应注意看书与做题相辅相成，一般应包括教材学习、章节题目练习和考前冲刺三个阶段，其中前两个阶段作为复习的基础阶段，可同步进行。第三个阶段是考生正式参加考试前的冲刺阶段，在此阶段，考生应在规定的时间做一些完整的真题和冲刺试卷，提前适应考试的题型和题量，全面检验自己的学习成果，找出学习的盲点和薄弱内容并在最后阶段进行针对性地弥补，因此，对此阶段应该给予足够的重视。本套丛书即是为满足广大二级建造师考生在考前冲刺阶段复习的需要而编写的。丛书共分7册，分别为：

《建设工程施工管理历年真题+冲刺试卷》

《建设工程法规及相关知识历年真题+冲刺试卷》

《建筑工程管理与实务历年真题+冲刺试卷》

《公路工程管理与实务历年真题+冲刺试卷》

《水利水电工程管理与实务历年真题+冲刺试卷》

《机电工程管理与实务历年真题+冲刺试卷》

《市政公用工程管理与实务历年真题+冲刺试卷》

每册图书均包括本科目2017—2021年五年真题和三套冲刺试卷。真题中的重点题目书中均给出了详细深入的解析，真题可以帮助考生快速适应考试难度，深入领会命题思路和规律。冲刺试卷紧跟近年的命题趋势，涵盖了各科目的考试重点和难点，能帮助考生迅速掌握重要知识，提高实战能力。

为了配合考生的备考复习，我们开通了答疑QQ群：700167122、532603357（加群密码：助考服务），配备了专家答疑团队，以便及时解答考生所提的问题。

希望考生在最后的复习阶段充分利用本书，顺利通过考试！

目　录

全国二级建造师执业资格考试答题方法及评分说明

全国二级建造师执业资格考试设《建设工程施工管理》《建设工程法规及相关知识》两个公共必考科目和《专业工程管理与实务》六个专业选考科目（专业科目包括建筑工程、公路工程、水利水电工程、市政公用工程、矿业工程和机电工程）。

《建设工程施工管理》《建设工程法规及相关知识》两个科目的考试试题为客观题。《专业工程管理与实务》科目的考试试题包括客观题和主观题。

一、客观题答题方法及评分说明

1. 客观题答题方法

客观题题型包括单项选择题和多项选择题。对于单项选择题来说，备选项有 4 个，选对得分，选错不得分也不扣分，建议考生宁可错选，不可不选。对于多项选择题来说，备选项有 5 个，在没有把握的情况下，建议考生宁可少选，不可多选。

在答题时，可采取下列方法：

（1）直接法。这是解常规的客观题所采用的方法，就是考生选择认为一定正确的选项。

（2）排除法。如果正确选项不能直接选出，应首先排除明显不全面、不完整或不正确的选项，正确的选项几乎是直接来自于考试教材或者法律法规，其余的干扰选项要靠命题者自己去设计，考生要尽可能多排除一些干扰选项，这样就可以提高选择出正确答案的概率。

（3）比较法。直接把各备选项加以比较，并分析它们之间的不同点，集中考虑正确答案和错误答案关键所在。仔细考虑各个备选项之间的关系。不要盲目选择那些看起来、读起来很有吸引力的错误选项，要去误求正、去伪存真。

（4）推测法。利用上下文推测词义。有些试题要从句子中的结构及语法知识推测入手，配合考生自己平时积累的常识来判断其义，推测出逻辑的条件和结论，以期将正确的选项准确地选出。

2. 客观题评分说明

客观题部分采用机读评卷，必须使用 2B 铅笔在答题卡上作答，考生在答题时要严格按照要求，在有效区域内作答，超出区域作答无效。每个单项选择题只有 1 个备选项最符合题意，就是 4 选 1。每个多项选择题有 2 个或 2 个以上备选项符合题意，至少有 1 个错项，就是 5 选 2~4，并且错选本题不得分，少选，所选的每个选项得 0.5 分。考生在涂卡时应注意答题卡上的选项是横排还是竖排，不要涂错位置。涂卡应清晰、厚实、完整，保持答题卡干净整洁，涂卡时应完整覆盖且不超出涂卡区域。修改答案时要先用橡皮擦将原涂卡处擦干净，再涂新答案，避免在机读评卷时产生干扰。

二、主观题答题方法及评分说明

1. 主观题答题方法

主观题题型是实务操作和案例分析题。实务操作和案例分析题是通过背景资料阐述一个项目在实施过程中所开展的相应工作，根据这些具体的工作提出若干小问题。

实务操作和案例分析题的提问方式及作答方法如下：

(1) 补充内容型。一般应按照教材将背景资料中未给出的内容都回答出来。

(2) 判断改错型。首先应在背景资料中找出问题并判断是否正确，然后结合教材、相关规范进行改正。需要注意的是，考生在答题时，不能完全按照工作中的实际做法来回答问题，因为根据实际做法作为答题依据得出的答案和标准答案之间可能存在很大差距，即使答了很多，得分也很低。

(3) 判断分析型。这类题型不仅要求考生答出分析的结果，还需要通过分析背景资料来找出问题的突破口。需要注意的是，考生在答题时要针对问题作答。

(4) 图表表达型。结合工程图及相关资料表回答图中构造名称、资料表中缺项内容。需要注意的是，关键词表述要准确，避免画蛇添足。

(5) 分析计算型。充分利用相关公式、图表和考点的内容，计算题目要求的数据或结果。最好能写出关键的计算步骤，并注意计算结果是否有保留小数点的要求。

(6) 简单论答型。这类题型主要考查考生记忆能力，一般情节简单、内容覆盖面较小。考生在回答这类型题时要直截了当，有什么答什么，不必展开论述。

(7) 综合分析型。这类题型比较复杂，内容往往涉及不同的知识点，要求回答的问题较多，难度很大，也是考生容易失分的地方。要求考生具有一定的理论水平和实际经验，对教材知识点要熟练掌握。

2. 主观题评分说明

主观题部分评分采取网上评分的方法进行，为了防止出现评卷人的评分宽严度差异对不同考生产生的影响，每个评卷人员只评一道题的分数。每份试卷的每道题均由两位评卷人员分别独立评分，如果两人的评分结果相同或很相近（这种情况比例很大）就按两人的平均分为准。如果两人的评分差异较大超过4~5分（出现这种情况的概率很小），就由评分专家再独立评分一次，然后用专家所评的分数和与专家评分接近的那个分数的平均分数为准。

主观题部分评分标准一般以准确性、完整性、分析步骤、计算过程、关键问题的判别方法、概念原理的运用等为判别核心。标准一般按要点给分，只要答出要点基本含义一般就会给分，不恰当的错误语句和文字一般不扣分。

主观题部分作答时必须使用黑色墨水笔书写作答，不得使用其他颜色的钢笔、铅笔、签字笔和圆珠笔。作答时字迹要工整、版面要清晰。因此书写不能离密封线太近，密封后评卷人不容易看到；书写的字不能太粗、太密、太乱，最好买支极细笔，字体稍微书写大点、工整点，这样看起来工整、清晰，评卷人也愿意多给分。

主观题部分作答应避免答非所问，因此考生在考试时要答对得分点，答出一个得分点就给分，说的不完全一致，也会给分，多答不会给分的，只会按点给分。不明确用到什么规范的情况就用“强制性条文”或者“有关法规”代替，在回答问题时，只要有可能，就在答题的内容前加上这样一句话：根据有关法规或根据强制性条文，通常这些是得分点之一。

主观题部分作答应言简意赅，并多使用背景资料中给出的专业术语。考生在考试时应相信第一感觉，往往很多考生在涂改答案过程中，“把原来对的改成错的”这种情形有很多。在确定完全答对时，就不要展开论述，也不要写多余的话，能用尽量少的文字表达出正确的意思就好，这样评卷人看得舒服，考生自己也能省时间。如果答题时发现错误，不建议使用涂改液进行修改，应用笔画个框圈起来，打个“×”即可，然后再找一块干净的地方重新书写。

2017—2021 年《水利水电工程管理与实务》真题分值统计

命题点			题型	2017 年	2018 年	2019 年	2020 年	2021 年
2F310000 水利水电工程施工技术	2F311000 水利水电工程建筑物及建筑材料	2F311010 水利水电工程建筑物的类型及相关要求	单项选择题		1	6	3	1
			多项选择题	2	2	2	4	4
			实务操作和案例分析题	8		5	4	
		2F311020 水利水电工程勘察与测量	单项选择题	2	1	1	1	
			多项选择题	2	2	2	2	
			实务操作和案例分析题					
		2F311030 水利水电工程建筑材料	单项选择题	1	1	1	2	2
			多项选择题			2	2	2
			实务操作和案例分析题		6			
	2F312000 水利水电工程施工导流与河道截流	2F312010 施工导流	单项选择题		1	1		
			多项选择题	2				
			实务操作和案例分析题				4	7
		2F312020 河道截流	单项选择题		1		1	
			多项选择题					
			实务操作和案例分析题					
	2F313000 水利水电工程主体工程施工	2F313010 土石方开挖工程	单项选择题		1		1	
			多项选择题	2			2	
			实务操作和案例分析题					
		2F313020 地基处理工程	单项选择题	1	1		1	
			多项选择题		2			
			实务操作和案例分析题		4			11
		2F313030 土石方填筑工程	单项选择题					1
			多项选择题	2	2	2		
			实务操作和案例分析题	4		7	6	1

续表

命题点			题型	2017 年	2018 年	2019 年	2020 年	2021 年
2F310000 水利水电工程施工技术	2F313000 水利水电工程主体工程施工	2F313040 混凝土工程	单项选择题	4	2		4	1
			多项选择题					
			实务操作和案例分析题			4		9
		2F313050 水利水电工程机电设备及金属结构安装工程	单项选择题	1	1			
			多项选择题		2		2	2
			实务操作和案例分析题					
		2F313060 水利水电工程施工安全技术	单项选择题	1	1	1		1
			多项选择题					
			实务操作和案例分析题		6		7	
2F320000 水利水电工程项目施工管理		2F320010 水利工程建设程序	单项选择题		1	4	2	3
			多项选择题	4		2	6	4
			实务操作和案例分析题					
		2F320020 水利水电工程施工组织设计	单项选择题	1	1		1	1
			多项选择题					
			实务操作和案例分析题	10	7	16	16	15
		2F320030 水利水电工程造价与成本管理	单项选择题	2		2		2
			多项选择题					
			实务操作和案例分析题	9			5	6
		2F320040 水利水电工程施工招标投标管理	单项选择题		2			
			多项选择题	2	2			
			实务操作和案例分析题	7	10	10	6	8
		2F320050 水利水电工程施工合同管理	单项选择题	1	1	1		1
			多项选择题					
			实务操作和案例分析题	10	17	26	22	19
		2F320060 水利水电工程质量管理	单项选择题	1		1		
			多项选择题		2	2		
			实务操作和案例分析题	10				

续表

命题点			题型	2017 年	2018 年	2019 年	2020 年	2021 年
2F320000 水利水电工程项目施工管理		2F320070 水利水电工程施工质量评定	单项选择题					1
			多项选择题					
			实务操作和案例分析题	12	10	4	4	
		2F320080 水利水电工程建设安全生产管理	单项选择题	2				2
			多项选择题		2			2
			实务操作和案例分析题	6	4			
		2F320090 水利水电工程验收	单项选择题		1			1
			多项选择题	2				
			实务操作和案例分析题	4	4			
		2F320100 水利水电工程施工监理	单项选择题		1			
			多项选择题			2		2
			实务操作和案例分析题			4		
2F330000 水利水电工程项目施工相关法规与标准	2F331000 水利水电工程项目施工相关法律规定	2F331010 水工程实施保护和建设许可的相关规定	单项选择题					
			多项选择题			2	2	
			实务操作和案例分析题					
		2F331020 防洪的相关规定	单项选择题			1		1
			多项选择题					
			实务操作和案例分析题					
		2F331030 与工程建设有关的水土保持规定	单项选择题	1	1		1	1
			多项选择题			2		
			实务操作和案例分析题					
	2F332000 水利水电工程建设强制性标准	2F332010 水利工程施工的强制性标准	单项选择题	1	1		2	1
			多项选择题		4	2		4
			实务操作和案例分析题				6	4
		2F332020 电力工程施工的强制性标准	单项选择题	1	4			
			多项选择题					
			实务操作和案例分析题		8			

续表

命题点		题型	2017 年	2018 年	2019 年	2020 年	2021 年
2F330000 水利水电工程项目施工相关法规与标准	2F333000 二级建造师(水利水电工程)注册执业管理规定及相关要求	单项选择题		1	1	1	
		多项选择题	2				
		实务操作和案例分析题			4		
合计		单项选择题	20	20	20	20	20
		多项选择题	20	20	20	20	20
		实务操作和案例分析题	80	80	80	80	80

* 自 2019 年起实务考卷中将“案例分析题”改为“实务操作和案例分析题”，为便于描述，本表中统称“实务操作和案例分析题”。在后续历年真题中将予以区分。

2021年度全国二级建造师执业资格考试

《水利水电工程管理与实务》

真题及解析

2021年度《水利水电工程管理与实务》真题

一、单项选择题（共20题，每题1分。每题的备选项中，只有1个最符合题意）

1. 关于水闸止水设置的说法，正确的是（　　）。

A. 所有水平缝均要设止水　　B. 所有沉陷缝均要设止水

C. 所有垂直缝均要设止水　　D. 铺盖与底板接缝处要设止水

2. 某水闸闸墩合理使用年限为50年，所处的侵蚀环境类别为三类，其钢筋的混凝土保护层最小厚度为（　　）。

A. 20mm　　B. 25mm

C. 30mm　　D. 45mm

3. 水工混凝土粗集料的级配分为（　　）种。

A. 三　　B. 四

C. 五　　D. 六

4. 某水闸底板混凝土性能指标为C30W4F100，其中“F”代表混凝土的（　　）。

A. 强度等级　　B. 抗渗等级

C. 变形等级　　D. 抗冻等级

5. 下列土方填筑碾压类型中，属于静压碾压的是（　　）。

A. 羊角碾碾压　　B. 夯击碾压

C. 振动碾碾压　　D. 撞击碾压

6. 高处作业所指的最低作业高度是（　　）。

A. 1.5m　　B. 2.0m

C. 2.5m　　D. 3.0m

7. 水闸首次安全鉴定应在竣工验收后（　　）年内进行。

A. 3　　B. 5

C. 7　　D. 10

8. 下列检查事项中，属于对建设管理进行稽察的是（　　）。

A. 检查有关参建单位资质　　B. 检查可行性研究报告

C. 检查内部控制制度　　D. 检查工程质量现状

9. 设计生产能力为400m^3/h的混凝土生产系统在规模上属于（　　）。

A. 特大型　　B. 大型　　C. 中型　　D. 小型

10. 根据《水利工程设计概（估）算编制规定（工程部分）》（水总〔2014〕429号），关于工程费用的说法，正确的是（　　）。

A. 基本直接费包括人工费、材料费、现场经费

B. 其他直接费包括临时设施费

C. 间接费包括工地检验试验费

D. 企业管理费包括生产工人工伤保险费

11. 根据《水利工程工程量清单计价规范》GB 50501—2007，振冲加密桩的计量单位是（　　）。

A. 根　　B. 立方米　　C. 米　　D. 平方米

12. 承包人要求更改发包人提供的工程设备交货地点，应事先报请（　　）批准。

A. 项目法人　　B. 供货方　　C. 发包人　　D. 监理人

13. 根据《水利工程质量管理规定》（水利部令第7号），对水利工程质量负全面责任的是（　　）。

A. 施工单位　　B. 监理单位　　C. 项目法人　　D. 设计单位

14. 根据《水利水电工程单元工程施工质量验收评定标准——混凝土工程》SL 632—2012，下列资料中，属于监理单位提供的是（　　）。

A. 平行检测资料　　B. 复检资料　　C. 自检资料　　D. 终检资料

15. 根据《水利工程建设项目验收管理规定》（水利部令第30号），关于水利工程验收的说法，正确的是（　　）。

A. 竣工验收主持单位不可以收回已印发的验收鉴定书

B. 除图纸外，验收资料的规格宜为国际标准A3

C. 分部工程验收应由监理单位主持

D. 项目法人组织单位工程验收时，质量监督机构应列席会议

16. 根据《水利水电工程施工安全管理导则》SL 721—2015，下列安全教育内容中，属于二级教育的是（　　）。

A. 现场规章制度教育　　B. 班组纪律教育

C. 安全基本知识教育　　D. 工种岗位安全操作教育

17. 下列风险类别中，宜采用保险或合同条款将责任进行风险转移的是（　　）。

A. 损失大、概率大　　B. 损失小、概率大

C. 损失大、概率小　　D. 损失小、概率小

18. 蓄洪区属于（　　）。

A. 洪泛区　　B. 防洪保护区

C. 滞洪区　　D. 防洪区

19. 水土流失防治标准共分为（　　）级。

A. 二　　B. 三

C. 四　　D. 五

20. 根据《水工建筑物滑动模板施工技术规范》SL 32—2014，操作平台防护栏杆的高度应不小于（　　）。

A. 100cm　　B. 110cm

C. 120cm　　D. 130cm

二、多项选择题（共10题，每题2分。每题的备选项中，有2个或2个以上符合题意，至少有1个错项。错选，本题不得分；少选，所选的每个选项得0.5分）

21. 根据水流方向，可将泵站前池分为（　　）等类型。

A. 正向进水前池　　B. 逆向进水前池

C. 反向进水前池　　D. 侧向进水前池

E. 前向进水前池

22. 关于水利工程合理使用年限的说法，正确的有（　　）。

A. 合理使用年限是指能按设计功能安全使用的最低要求年限

B. 永久性水工建筑物级别降低时，其合理使用年限提高

C. 永久性水工建筑物级别提高时，其合理使用年限降低

D. 水库工程最高合理使用年限为150年

E. 2级水工建筑物中闸门的合理使用年限为50年

23. 关于混凝土组成材料的说法，正确的有（　　）。

A. 细度模数 M_x 在3.0~2.7之间的为粗砂

B. 粗集料中碎石粒径大于4.75mm

C. Ⅰ类碎石宜用于强度等级小于C50的混凝土

D. 当集料用量一定时，粗集料粒径越大，水泥用料越少

E. 一级配混凝土指仅包含最小一级集料的混凝土

24. 闸门的标志内容包括（　　）等。

A. 产品名称　　B. 挡水水头

C. 制造日期　　D. 闸门中心位置

E. 监造单位

25. 水利工程竣工结算审计程序中，审计终结阶段包括（　　）等环节。

A. 征求意见　　B. 审计报告处理

C. 下达审计结论　　D. 整改落实

E. 后续审计

26. 根据《水利水电施工企业安全生产标准化评审标准》，一级评审项目中的“现场管理”包括的二级评审项目有（　　）。

A. 操作规程　　B. 作业安全

C. 隐患排查治理　　D. 职业健康

E. 警示标志

27. 根据《水利建设项目后评价管理办法（试行）》，过程评价的内容包括（　　）等。

A. 财务评价　　B. 国民经济评价

C. 综合评价　　D. 前期工作

E. 运行管理

28. 根据《水利工程建设标准强制性条文》（2020年版），关于劳动安全的说法，正确的有（　　）。

A. 泵站基坑深井降水水泵应设置不少于2个独立的电源供电

B. 人货两用的施工升降机可以人货同时运送

C. 地下洞室开挖施工过程中，洞内氧气体积不应少于20%

D. 过水土石围堰的堰顶安全加高值不低于0.5m

E. 核子水分—密度仪放射源泄露检查的周期为6个月

29. 根据《水电水利工程施工监理规范》DL/T 5111—2012，工程项目可划分为（　　）。

A. 单位工程　　B. 分部工程　　C. 分项工程　　D. 单元工程

E. 设计单元工程

30. 根据《水利水电工程劳动安全与工业卫生设计规范》GB 50706—2011，分期建成的地网工程，应校核分期投产接地装置的（　　）。

A. 接触电位差　　　　B. 跨步电位差

C. 耦合电位差　　　　D. 最高耐压

E. 最大电流

三、实务操作和案例分析题（共 4 题，每题 20 分）

（一）

背景资料：

某新建中型拦河闸工程，施工期由上、下游填筑的土石围堰挡水，其中上游围堰断面示意图如图 1 所示。闸室底板与消力池底板之间设铜片止水，止水布置示意图如图 2 所示。工程施工过程中发生如下事件：

事件 1：施工单位依据《水利水电工程施工组织设计规范》SL 303—2017，采用简化毕肖普法，对围堰边坡稳定进行计算，其中上游围堰背水侧边坡稳定安全系数计算结果为 1. 25。

事件 2：施工单位根据《水利水电工程施工安全管理导则》SL 721—2015，编制围堰专项施工方案，并组织有关专业技术人员进行审核。

事件 3：闸墩混凝土拆模后，施工单位对混凝土外观质量进行检查，发现闸墩底部存在多条竖向裂缝。

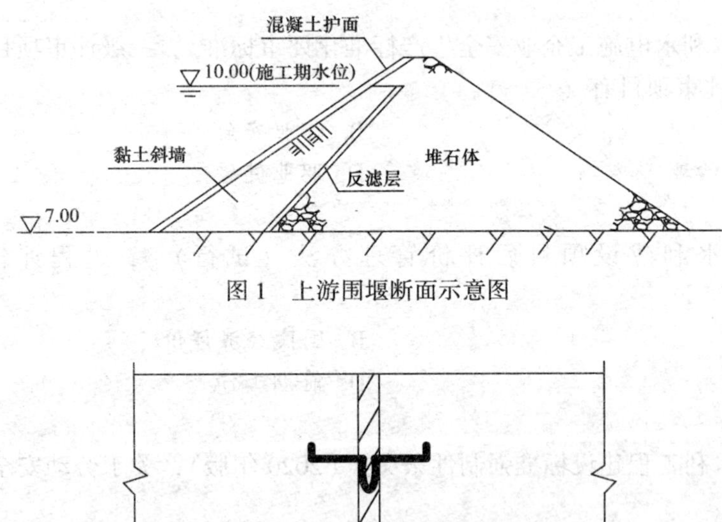

图 1　上游围堰断面示意图

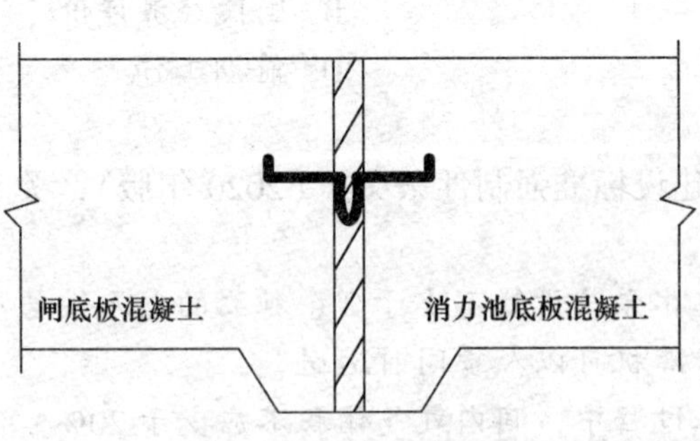

图 2　止水布置示意图

问题：

1. 根据图 1，计算上游围堰最低顶高程（波浪爬高按 0. 5m 计）；指出黏土斜墙布置的不妥之处，并说明理由。

2. 事件1中，上游围堰背水侧边坡稳定安全系数计算结果是否满足规范要求？规范要求的边坡稳定安全系数最小值应为多少？

3. 围堰专项施工方案经施工单位有关专业技术人员审核后，还需要履行哪些报审程序方可组织实施？

4. 图2止水缝部位混凝土浇筑时，应注意哪些事项？

5. 事件3中，施工单位除检查混凝土裂缝外，还需要检查哪些常见的混凝土外观质量问题？

（二）

背景资料：

某小型排涝枢纽工程由排涝泵站、自排闸、堤防和穿堤涵洞等建筑物组成。发包人依据《水利水电工程标准施工招标文件》（2009年版）编制施工招标文件。发包人与承包人签订的施工合同约定：（1）合同工期为195d，在一个非汛期完成。（2）“堤防填筑”子目经监理人确认的工程量超过合同工程量15%时，超过部分的单价调整系数为0.95。

由承包人编制并经监理人审核的施工进度计划如图3所示（每月按30d计）。

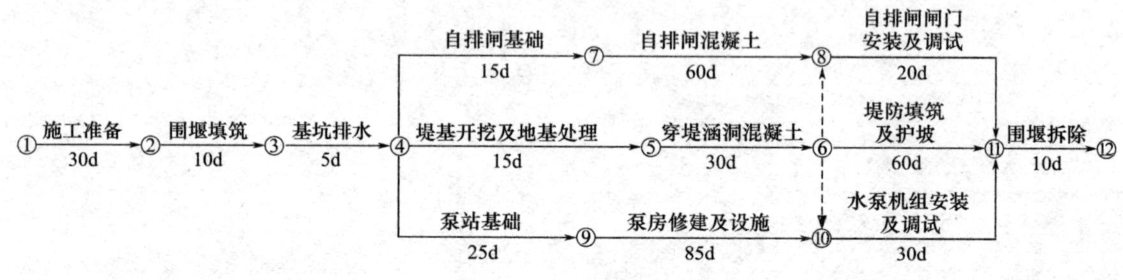

图3　施工进度计划

当地汛期为6~9月份，监理人签发的开工通知载明开工日期为2019年10月26日，承包人按施工进度计划如期开工，开始施工准备工作。

工程施工过程中发生如下事件：

事件1：受新冠疫情影响，2020年2月1日至3月1日暂停施工期间，承包人按监理人要求照管在建工程。疫情缓解后，监理人向承包人发出复工指令，并要求采取赶工措施保证工程按期完成，承包人提交了赶工报告和修订后的施工进度计划等，提出了增加在建工程照管费用10万元和赶工费用50万元的要求。

事件2：“堤防填筑”子目的合同单价为23.00元/m^3，合同工程量为1.3万m^3，按施工图纸计算工程量为1.543万m^3。承包人实际完成工程量为1.58万m^3。

事件3：承包人接受完工付款证书后，发现还有15万元工程款未结算，向发包人提出支付申请。工程质量保修期间，按发包人要求，承包人完成了新增环境美化工程，工程费用为8万元。

问题：

1. 指出图3的关键线路（用节点代号表示）和合同完工日期；“自排闸混凝土”工作和“堤防填筑及护坡”工作的总时差分别为多少？

2. 事件1中，缩短哪几项工作的持续时间对赶工最为有效？判断承包人提出增加费用的要求是否合理，并说明理由。

3. 事件2中，“堤防填筑”子目应结算的工程量为多少？说明理由。计算该子目应结算的工程款。

4. 事件3中，发包人应支付的金额是多少？说明理由。

（三）

背景资料：

某小型水库枢纽工程由均质土坝、溢洪道、左岸输水涵和右岸输水涵等建筑物组成，其平面布置示意图如图4所示。该水库工程进行除险加固的主要内容包括：坝体混凝土防渗墙、坝基帷幕灌浆、坝体下游侧加高培厚；拆除重建左、右岸输水涵进口及出口等。混凝土防渗墙位于坝体中部，厚60cm；帷幕位于防渗墙底部。土坝横剖面示意图如图5所示。

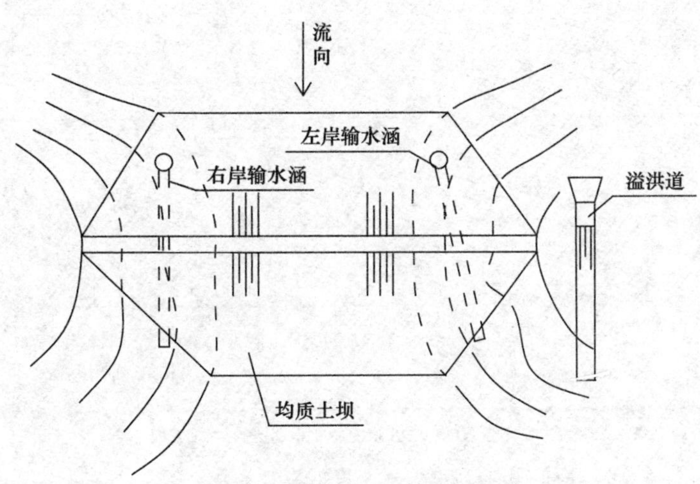

图4　水库枢纽工程平面布置示意图

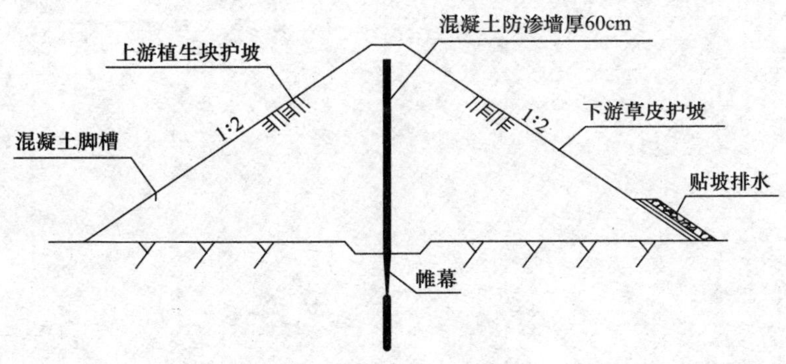

图5　土坝横剖面示意图

施工单位中标后，编制了施工组织设计，计划利用一个非汛期完成主体工程施工；绘制了包括混凝土拌合系统、主要加工厂、仓库、交通系统等各种临时设施在内的施工总平面布置图；研究制定了施工导流方案等。在研究施工导流方案时，经复核，左、右岸输水涵过流能力均能满足施工期导流的要求。

问题：

1. 本工程混凝土防渗墙成槽施工前，需做哪些准备工作？本防渗墙混凝土采用哪种方式入仓浇筑比较合适？

2. 本工程帷幕灌浆压力控制需考虑哪些因素？其灌浆压力如何确定？帷幕灌浆主要控制参数除灌浆压力和深度外，还有哪些？

3. 根据背景资料，确定本工程合适的施工导流方案和需要设置的导流建筑物。

4. 根据背景资料，除各种临时设施外，施工总平面布置图中还应包括哪些主要内容？

（四）

背景资料：

某水闸除险加固工程内容包括土建施工，更换启闭机、闸门及机电设备。施工标（不含设备采购）通过电子招投标交易平台交易，招标文件依据《水利水电工程标准施工招标文件》（2009 年版）编制，工程量清单采取《水利工程工程量清单计价规范》GB 50501—2007 模式，最高投标限价 1700 万元。经过招标，施工单位甲中标并与发包人签订了施工合同。招投标及合同履行过程中发生如下事件：

事件 1：代理公司编制的招标文件要求：

（1）投标人应在电子招投标交易平台注册登记。为数据接口统一的需要，投标人应购买并使用该平台配套的投标报价专用软件编制投标报价。

（2）投标报价不得高于最高投标限价，并不得低于最高投标限价的 80%。

（3）投标人的子公司不得与投标人一同参加本项目投标。

（4）投标人可以现金或银行保函方式提交投标保证金。

（5）投标人获本工程所在省颁发的省级工程奖项的，评标赋 2 分，否则不得分。

某投标人认为上述规定存在不合理之处，在规定时间以书面形式向行政监督部门投诉。

事件 2：合同约定：在完工结算时，工程质量保证金按照《住房城乡建设部 财政部关于印发〈建设工程质量保证金管理办法〉的通知》（建质［2017］138 号）规定的最高比例一次性扣留。完工结算时，施工单位甲按规定节点时间提交了完工申请单。监理人审核后，形成了完工结算汇总表见表 1，发包人予以认可，并在规定节点时间内将应支付款项支付完毕。

某水闸除险加固工程施工标完工结算汇总表 **表 1**

项目名称：某水闸除险加固工程施工标　合同编号：XXX-SG-01

序号	工程项目或费用	合同金额（元）	承包人申报金额（元）	监理审核金额（元）	备注
一	A	13100000	12850000	12830000	1. C 为新增管理用房所需费用。 2. 措施项目中包含 D，D 取建筑安装工程费的 2%，专款专用
1	建筑工程	7200000	7100000	7080000	
2	机电设备安装	2100000	2050000	2050000	
3	B	3800000	3700000	3700000	
二	措施项目	2162000	2157000	2156600	
三	C		1000000	1000000	
四	索赔费用		0	0	
五	合计	15262000	16007000	15986600	

问题：

1. 指出事件 1 招标文件要求中的不合理之处，说明理由。投标人采取投诉这种方式是否妥当？为什么？

2. 指出事件 2 表 1 中 A、B、C、D 分别代表的工程项目或费用名称。

3. 计算本合同应扣留的工程质量保证金金额。(单位：元，保留小数点后两位)

4. 分别指出事件 2 中施工单位甲提交完工付款申请单和发包人支付应支付款的节点时间要求。

2021年度真题参考答案及解析

一、单项选择题

1. D；	2. D；	3. B；	4. D；	5. A；
6. B；	7. B；	8. A；	9. B；	10. B；
11. C；	12. D；	13. C；	14. A；	15. D；
16. A；	17. C；	18. D；	19. B；	20. C。

【解析】

1. D。本题考核的是止水设置要求。凡是位于防渗范围内的缝，都要有止水设施。

2. D。本题考核的是混凝土保护层厚度的要求。合理使用年限为50年的水工结构钢筋的混凝土保护层厚度不应小于表2所列值。合理使用年限为20年、30年时，其保护层厚度应比表2所列值适当降低；合理使用年限为100年时，其保护层厚度应比表2所列值适当增加；合理使用年限为150年时，其保护层厚度应专门研究确定。

混凝土保护层最小厚度（单位：mm）　　表2

项次	构件类别	环境类别				
		一	二	三	四	五
1	板、墙	20	25	30	45	50
2	梁、柱、墩	30	35	45	55	60
3	截面厚度不小于2.5m的底板及墩墙	—	40	50	60	65

3. B。本题考核的是水工混凝土粗集料级配的分类。水工混凝土粗集料的级配分为四种，常用四级配，即包5~20mm、20~40mm、40~80mm、80~120（或150）mm全部四级集料的混凝土。

4. D。本题考核的是建筑材料的基本性质。抗冻性用抗冻等级F表示，如F25、F50，分别表示材料抵抗25次、50次冻融循环，而强度损失未超过25%，质量损失未超过5%。

5. A。本题考核的是土方填筑压实机械。土方填筑压实机械分为静压碾压（如羊脚碾、气胎碾等）、振动碾压、夯击（如夯板）三种基本类型。

6. B。本题考核的是高处作业的标准。凡在坠落高度基准面2m和2m以上有可能坠落的高处进行作业，均称为高处作业。

7. B。本题考核的是水工建筑物实行定期安全鉴定。水闸首次安全鉴定应在竣工验收后5年内进行，以后应每隔10年进行一次鉴定。

8. A。本题考核的是水利稽察的内容。对建设管理的稽察，包括检查项目法人责任制、招标投标制、建设监理制及合同管理制的执行，有关参建单位资质和人员资格，工程建设进度，工程建设管理体制等情况。

9. B。本题考核的是混凝土生产系统规模划分标准。混凝土生产系统规模按生产能力可划分为特大型、大型、中型、小型，划分标准见表3。

混凝土生产系统规模划分标准　　表3

类型	设计生产能力(m^3/h)
特大型	≥480
大型	<480 ≥180
中型	<180 ≥45
小型	<45

10. B。本题考核的是工程费用的相关规定。基本直接费包括人工费、材料费、施工机械使用费。所以选项A错误。其他直接费包括冬雨期施工增加费、夜间施工增加费、特殊地区施工增加费、临时设施费、安全生产措施费和其他。所以选项B正确。间接费指施工企业为建筑安装工程施工而进行组织与经营管理所发生的各项费用。它构成产品成本，包括规费和企业管理费。所以选项C错误。企业管理费指施工企业为组织施工生产和经营活动所发生的费用，包括管理人员工资、差旅交通费、办公费、固定资产使用费、工具用具使用费、职工福利费、劳动保护费、工会经费、职工教育经费、保险费、财务费用、税金（房产税、管理用车辆使用税、印花税、城市维护建设税、教育费附加、地方教育附加）和其他等。工伤保险费属于规费。所以选项D错误。

11. C。本题考核的是施工阶段计量与支付。振冲加密或振冲置换成桩按施工图纸所示尺寸计算的有效长度以米为单位计量，按《工程量清单》相应项目有效工程量的每米工程单价支付。

12. D。本题考核的是发包人与承包人的义务和责任。承包人要求更改交货日期或地点的，应事先报请监理人批准，所增加的费用和（或）工期延误由承包人承担。

13. C。本题考核的是水利工程质量监督。根据《水利工程质量管理规定》（水利部令第7号）以及《水利部办公厅关于印发水利建设工程质量监督工作清单的通知》（办监督［2019］211号）的有关规定，水利工程质量由项目法人（建设单位）负全面责任。监理、施工、设计单位按照合同及有关规定对各自承担的工作负责。质量监督机构履行政府部门监督职能，不代替项目法人（建设单位）、监理、设计、施工单位的质量管理工作。

14. A。本题考核的是单元工程工序施工质量验收评定监理单位应提供的资料。监理单位应提交下列资料：（1）监理单位对工序施工质量的平行检测资料（包括跟踪检测）。（2）监理工程师签署质量复核意见的工序施工质量验收评定表。

15. D。本题考核的是水利工程验收。项目法人以及其他参建单位提交验收资料不真实导致验收结论有误的，由提交不真实验收资料的单位承担责任。竣工验收主持单位收回验收鉴定书。所以选项A错误。除图纸外，验收资料的规格宜为国际标准A4（210mm×297mm）。所以选项B错误。分部工程验收应由项目法人（或委托监理单位）主持。所以选项C错误。项目法人组织单位工程验收时，应提前10个工作日通知质量和安全监督机构。主要建筑物单位工程验收应通知法人验收监督管理机关。法人验收监督管理机关可视情况决定是否列席验收会议，质量和安全监督机构应派员列席验收会议。所以选项D正确。

16. A。本题考核的是水利工程施工单位的安全生产责任。三级安全教育内容是：（1）公司教育（一级教育）主要进行安全基本知识、法规、法制教育。（2）项目部（工段、区、队）教育（二级教育）主要进行现场规章制度和遵章守纪教育。（3）班组教育（三级教育）主要进行本工种岗位安全操作及班组安全制度、纪律教育。

17. C。本题考核的是水利工程建设项目风险管理和安全事故应急管理。处置方法的采用应符合以下原则：

（1）损失大、概率大的灾难性风险，应采取风险规避。

（2）损失小、概率大的风险，宜采取风险缓解。

（3）损失大、概率小的风险，宜采用保险或合同条款将责任进行风险转移。

（4）损失小、概率小的风险，宜采用风险自留。

18. D。本题考核的是河道湖泊上建设工程设施的防洪要求。防洪区是指洪水泛滥可能淹及的地区，分为洪泛区、蓄滞洪区和防洪保护区。

19. B。本题考核的是水土流失防治标准。根据开发建设项目所处的地理位置可将其水土流失防治标准分为三级（一级标准、二级标准、三级标准）。

20. C。本题考核的是劳动安全与工业卫生的有关要求。操作平台及悬挂脚手架边缘应设防护栏杆，其高度应不小于120cm，横挡间距应不大于35cm，底部应设高度不小于30cm的挡板且应封闭密实。在防护栏杆外侧应挂安全网封闭。

二、多项选择题

21. A、D；　22. A、D、E；　23. B、D、E；
24. A、C、D；　25. D、E；　26. B、D、E；
27. D、E；　28. A、C、E；　29. A、B、C、D；
30. A、B。

【解析】

21. A、D。本题考核的是泵站前池的类型。泵站前池是衔接引渠和进水池的水工建筑物，根据水流方向可将前池分为两大类，即正向进水前池和侧向进水前池。

22. A、D、E。本题考核的是水利工程合理使用年限。水利水电工程及其水工建筑物合理使用年限是指，水利水电工程及其水工建筑物建成投入运行后，在正常运行使用和规定的维修条件下，能按设计功能安全使用的最低要求年限。所以选项A正确。当永久性水工建筑物级别提高或降低时，其合理使用年限应不变。所以选项B、C错误。工程等别为Ⅰ等，水库合理使用年限为150年。所以选项D正确。1级、2级永久性水工建筑物中闸门的合理使用年限应为50年，其他级别的永久性水工建筑物中闸门的合理使用年限应为30年。所以选项E正确。

23. B、D、E。本题考核的是混凝土组成材料。细度模数 M_x 在3.0~2.3之间的为中砂，所以选项A错误。在混凝土中的砂、石起骨架作用，其中砂称为细集料，其粒径在0.15~4.75mm之间；石称为粗集料，其粒径大于4.75mm。所以选项B正确。Ⅰ类宜用于强度等级大于C60的混凝土。所以选项C错误。当集料用量一定时。其表面积随着粒径的增大而减小。粒径越大，保证一定厚度润滑层所需的水泥浆或砂浆的用量就少，可节省水泥（胶凝材料）用量。所以选项D正确。三级配混凝土指仅包含较小的三级集料的混凝土，二级配混凝土指仅包含较小二级集料的混凝土。一级配混凝土指仅包含最小一级集料的混凝土。所以选项 E 正确。

24. A、C、D。本题考核的是闸门的标志内容。闸门应有标志，标志内容包括：制造厂名、产品名称、生产许可证标志及编号、制造日期、闸门中心位置和总重量。

25. D、E。本题考核的是竣工决算审计各阶段的内容。审计终结阶段包括整改落实和后续审计等环节。选项 A 属于审计实施阶段内容。选项 B、C 属于审计报告阶段内容。

26. B、D、E。本题考核的是水利水电施工企业安全生产标准化评审标准。“现场管理”包括的二级评审项目：设备设施管理、作业安全、职业健康、警示标志。

27. D、E。本题考核的是项目后评价的主要内容。过程评价包括前期工作、建设实施、运行管理等。项目后评价包括过程评价、经济评价、社会影响及移民安置评价、环境影响及水土保持评价、目标和可持续性评价、综合评价。选项 A、B 属于经济评价。

28. A、C、E。本题考核的是劳动安全与工业卫生的有关要求。防洪防淹设施应设置不少于 2 个的独立电源供电，且任意一电源均应能满足工作负荷的要求。所以选项 A 正确。人货两用的施工升降机在使用时，严禁人货混装。所以选项 B 错误。地下洞室开挖施工过程中，洞内氧气体积不应少于 20%。所以选项 C 正确。围堰的安全超高，一般对于不过水围堰可按规定选择，对于过水围堰可不予考虑。所以选项 D 错误。隔 6 个月按相关规定对仪器进行放射源泄露检查，检查结果不符合要求的仪器不得再投入使用。所以选项 E 正确。

29. A、B、C、D。本题考核的是工程项目的划分。根据《水电水利工程施工监理规范》，工程项目划分一般按单位工程、分部工程、分项工程、单元工程四级进行划分及工程开工申报。

30. A、B。本题考核的是劳动安全与工业卫生的有关要求。地网分期建成的工程，应校核分期投产接地装置的接触电位差和跨步电位差，其数值应满足人身安全的要求。

三、实务操作和案例分析题

（一）

1. 上游围堰挡水水位为 10. 0m，波浪爬高为 0. 5m。根据《水利水电工程施工组织设计规范》SL 303—2017，该围堰堰顶安全加高下限值为 0. 5m。

因此该上游围堰顶高程应不低于：10+0. 5+0. 5 = 11. 0m。

黏土斜墙布置的不妥之处：黏土斜墙的顶高程设置。

理由：黏土斜墙顶高程应与围堰顶高程相同。

2. 上游围堰背水侧边坡稳定安全系数计算结果满足规范要求。

规范要求的边坡稳定安全系数最小值应为 1. 15。

3. 围堰专项施工方案，经施工单位有关技术人员审核合格后，应由施工单位技术负责人签字确认，报监理单位，由项目总监理工程师审核签字，并报项目法人备案后，方可组织实施。

4. 止水缝部位浇筑混凝土时应注意的事项有：

（1）浇筑混凝土时，不得冲撞止水片。

（2）当混凝土将要淹没止水片时，应再次清除其表面污垢。

（3）振捣器不得触及止水片。

（4）嵌固止水片的模板应适当推迟拆模时间。

5. 混凝土外观质量检查，除检查混凝土裂缝外，还应检查是否有蜂窝、麻面、错台、模板走样、露筋等问题。

（二）

1. 施工进度计划图中关键线路（用节点代号表示）是：①→②→③→④→⑨→⑩→⑪→⑫。

合同完工日期为：2020 年 5 月 10 日。

“自排闸混凝土”工作的总时差为 45d。

“堤防填筑及护坡”工作的总时差为 35d。

2. 事件 1 中，缩短“泵房修建及设施”“水泵机组安装及调试”和“围堰拆除”的持续时间对赶工最为有效。

承包人提出增加费用的要求合理。

理由：

（1）新冠疫情影响属于不可抗力。

（2）因不可抗力影响，停工期间应监理人要求照管工程所发生的费用由发包人承担。

（3）因不可抗力影响引起工期延误，发包人要求赶工的，由此增加的赶工费用由发包人承担。

3. 对本题的分析如下：

（1）“堤防填筑”子目应结算的工程量为 1.543 万 m^3。

理由：堤防填筑全部完成后，最终结算的工程量应是经过施工期间压实经自然沉陷后按施工图纸所示尺寸计算的有效压实方体积。

（2）合同工程量为 1.3 万 m^3，确认的工程量超过了合同工程量的 15%，超过部分单价应予调低。

不调价部分工程量为：$1.3\times(1+15\%)=1.495$ 万 m^3。

调价部分工程量为：$1.543-1.3\times(1+15\%)=0.048$ 万 m^3。

该子目应结算的工程款为：$23\times1.495+23\times0.95\times0.048=35.4338$ 万元。

4. 发包人应支付的金额为 8 万元。

理由：

（1）承包人接受了完工付款证书后，应被认为已无权再提出在合同工程完工证书前所发生的任何索赔。

（2）环境美化项目是发包人提出的新增项目，费用由发包人承担。

（三）

1. 本工程混凝土防渗墙成槽施工前，需进行场地平整（施工平台）、导槽开挖、导墙浇筑、挖槽机械设备安装和制备泥浆注入导槽等工作。

本防渗墙混凝土采用导管入仓浇筑比较合适。

2. 本工程帷幕灌浆压力控制需考虑的因素有：孔深、岩层性质等因素。

灌浆压力应通过试验确定。

帷幕灌浆主要控制参数除灌浆压力和深度外，还有防渗标准、厚度、灌浆孔排数等。

3. 本工程施工导流可利用左、右岸输水涵进行分期（相互）导流（或左岸输水涵导流，右岸输水涵施工；右岸输水涵导流，左岸输水涵施工）。

需设置的导流建筑物为：左岸输水涵上游围堰、右岸输水涵上游围堰。

4. 除各种临时设施外，施工总平面布置图中还应包括：

（1）施工用地范围。

（2）已有和拟建建筑物（构筑物及其他设施）的平面位置（轮廓尺寸）。

（3）永久（半永久）性坐标位置。

（4）场内取土（弃土）的区域位置。

（四）

1. 事件 1 中招标文件要求的不合理之处及理由如下：

不合理之处一：强制投标人购买交易平台配套的投标报价专用软件。

理由：电子招投标交易平台运营机构不得要求投标人购买指定的软件。

不合理之处二：投标报价不得低于最高投标限价的 80%。

理由：招标人不得设置最低投标限价。

不合理之处三：投标人获本工程所在省颁发的省级工程奖项的，评标赋 2 分。

理由：招标文件不得以特定区域奖项作为评标加分条件。

投标人在规定时间以书面形式向行政监督部门投诉不妥当。

理由：针对招标文件的不合理条款应首先通过异议途径解决。

2. 事件 2 表 1 中 A，B，C，D 分别代表的工程项目或费用或名称：

A—分类分项工程量清单项目；

B—金属结构安装（或闸门、启闭机安装）；

C—变更项目；

D—安全生产措施费。

3. 本合同应扣留的工程质量保证金金额 = 15986600×3% = 479598.00 元。

4. 事件 2 中施工单位甲提交完工付款申请单的节点时间：施工单位甲应在合同工程完工证书颁发后 28d 内提交完工付款申请单。

发包人支付应支付款的节点时间：发包人应在监理人出具的完工付款证书后 14d 内将应支付的款项支付完毕。

2020年度全国二级建造师执业资格考试

《水利水电工程管理与实务》

真题及解析

2020年度《水利水电工程管理与实务》真题

一、单项选择题（共20题，每题1分。每题的备选项中，只有1个最符合题意）

1. 沿渗流方向分层设置反滤，其反滤料粒径应按（　　）排列。

A. 中→大→小　　B. 中→小→大

C. 大→中→小　　D. 小→中→大

2. 某水闸闸室建筑物级别为3级，其工作闸门合理使用年限为（　　）年。

A. 20　　B. 30　　C. 40　　D. 50

3. 水泵梁的钢筋混凝土保护层厚度是指混凝土表面到（　　）之间的最小距离。

A. 箍筋公称直径外边缘　　B. 受力纵向钢筋公称直径外边缘

C. 箍筋中心　　D. 受力纵向钢筋中心

4. 目前我国采用的高程起算统一基准是（　　）国家高程基准。

A. 1985　　B. 1995　　C. 2000　　D. 2005

5. 计算普通混凝土配合比时，集料的含水状态基准一般为（　　）。

A. 干燥状态　　B. 气干状态

C. 饱和面干状态　　D. 湿润状态

6. 常用于坡面防护的材料是（　　）。

A. 土工格栅　　B. 土工网

C. 土工管　　D. 土工合成材料黏土垫层

7. 首先从龙口两端下料，保护戗堤头部，同时施工护底工程并抬高龙口底槛高程到一定高度，再从龙口两端抛投块料截断河流的截流方法是（　　）。

A. 平堵　　B. 立堵

C. 混合堵　　D. 抬高底槛

8. 人工开挖土方时，预留建基面保护层厚度一般为（　　）。

A. 0.2~0.3m　　B. 0.3~0.4m

C. 0.4~0.5m　　D. 0.5~1.0m

9. 混凝土浇筑层间间歇超过初凝时间可能会出现（　　）。

A. 冷缝　　B. 横缝

C. 纵缝　　D. 温度缝

10. 在建筑物和岩石之间进行灌浆，以加强两者之间的结合程度和基础整体性的灌浆方法是（　　）。

A. 固结灌浆　　B. 帷幕灌浆

C. 接触灌浆　　D. 回填灌浆

11. 模板设计时，新浇筑混凝土重量通常按（　　）计算。

A. 21~22kN/m^3　　B. 24~25kN/m^3

C. 27~28kN/m^3　　D. 29~30kN/m^3

12. 钢筋图中的符号，“ϕ” 表示的是（　　）钢筋。

A. Ⅰ级　B. Ⅱ级　C. Ⅲ级　D. Ⅳ级

13. 混凝土正常养护时间一般为（　　）d。

A. 7　B. 14　C. 21　D. 28

14. 下列文件中，不属于水利水电工程注册建造师施工管理签章文件的是（　　）。

A. 施工技术方案报审表　B. 联合测量通知单

C. 监理通知签收单　D. 合同项目开工令

15. 根据《水利工程设计变更管理暂行办法》，不需要报原初步设计审批部门审批的设计变更是（　　）。

A. 主要建筑物形式变化　B. 水库库容变化

C. 堤防工程局部基础处理方案变化　D. 主要料场场地变化

16. 根据《水利基本建设项目竣工财务决算编制规程》SL 19—2014，小型项目未完工程投资及预留费用可预计纳入竣工财务决算，但占总投资比例应控制在（　　）以内。

A. 5%　B. 6%

C. 10%　D. 15%

17. 下列用电设施或设备中，属于三类负荷的是（　　）。

A. 汛期的防洪设施　B. 基坑降排水设备

C. 木材加工厂的主要设备　D. 洞内照明设施

18. 根据《水土保持法》，水土保持方案审批部门为（　　）以上人民政府水行政主管部门。

A. 镇级　B. 县级

C. 地市级　D. 省级

19. 根据《水利水电工程施工通用安全技术规程》SL 398—2007，人力搬运爆破器材时，搬运者之间的距离应不小于（　　）。

A. 2m　B. 3m

C. 4m　D. 5m

20. 施工现场设置开敞式高压配电装置的独立开关站，其场地四周设置的围墙高度应不低于（　　）。

A. 1.2m　B. 1.5m

C. 2.0m　D. 2.2m

二、多项选择题（共 10 题，每题 2 分。每题的备选项中，有 2 个或 2 个以上符合题意，至少有 1 个错项。错选，本题不得分；少选，所选的每个选项得 0.5 分）

21. 重力坝分缝的作用包括（　　）。

A. 满足混凝土浇筑要求　B. 控制温度裂缝

C. 适应地基不均匀沉降　D. 及时排出坝内渗水

E. 便于安装止水

22. 水闸下游连接段包括（　　）。

A. 铺盖　B. 消力池

C. 护坦　D. 岸墙

E. 海漫

23. 关于施工放样的说法，正确的有（　　）。

A. 由整体到局部

B. 先控制、后碎部

C. 由建筑物主轴线确定建筑物细部相对位置

D. 测设细部的精度比测设主轴线的精度高

E. 各细部的测设精度一样

24. 混凝土集料中的砂按粗细程度不同分为（　　）。

A. 特细砂

B. 粗砂

C. 中砂

D. 细砂

E. 粉砂

25. 爆破施工时，炮孔布置合理的有（　　）。

A. 炮孔方向宜与最小抵抗线方向重合

B. 尽量利用和创造自由面

C. 炮孔与岩石层面垂直

D. 几排炮孔时，宜按梅花形布置

E. 炮孔与节理平行

26. 关于立式轴流泵机组安装的说法，正确的有（　　）。

A. 同心校正又称为找平校正

B. 水平校正以泵轴座平面为校准面

C. 刮磨推力盘底面可以调整泵轴摆度

D. 水泵配套电机安装在水泵梁上

E. 先进行电动机吊装，再进行传动轴安装

27. 根据《水利建设项目后评价管理办法（试行）》，过程评价的内容包括（　　）。

A. 财务评价

B. 国民经济评价

C. 综合评价

D. 前期工作

E. 运行管理

28. 根据《政府和社会资本合作建设重大水利工程操作指南（试行）》，关于PPP项目的说法，正确的有（　　）。

A. PPP项目实施机构应为县级以上水利（水务）部门

B. 新建经营性水利工程，实施方式一般采用特许经营合作方式

C. PPP项目实施机构组织起草PPP项目合同草案

D. 社会资本方的选择方式包括公开招标、邀请招标和竞争性谈判

E. PPP项目实施机构承担项目法人职责

29. 关于水利建设项目管理专项制度的说法，正确的有（　　）。

A. 实施项目法人负责制

B. 监理单位按照监理规范对建设项目实施中的质量、进度等进行管理

C. 工程监理实行总监理工程师负责制

D. 代建单位对建设项目施工准备至竣工验收的建设实施过程进行管理

E. 支付代建单位的奖励资金一般不超过代建管理费的10%

30. 根据《水法》，关于水工程保护与建设许可的说法，正确的有（　　）。

A. 对生产建设活动有禁止性规定

B. 对生产建设项目有限制性规定

C. 水工程系指水利部门管理建设的工程

D. 水工程的保护范围为水工程设施的组成部分

E. 流域范围内的区域规划应当服从流域规划

三、实务操作和案例分析题（共 4 题，每题 20 分）

（一）

背景资料：

某小型排涝枢纽工程，由排涝泵站、自排涵闸和支沟口主河道堤防等建筑物组成。泵站和自排涵闸的设计排涝流量均为 9.0m^3/s，主河道堤防级别为 3 级。排涝枢纽平面布置示意图如图 1 所示。

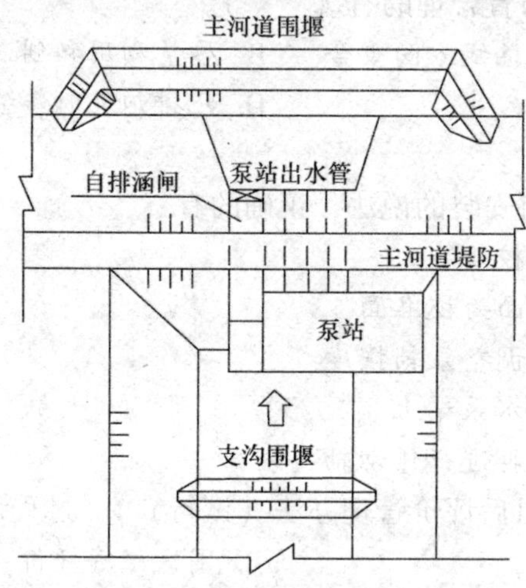

图 1　排涝枢纽平面布置示意图

根据工程施工进度安排，本工程利用 10 月～次年 4 月一个非汛期完成施工，次年汛期投入使用。支沟口主河道堤防采用黏性土填筑，料场复勘时发现料场土料含水量偏大，不满足堤防填筑要求。

问题：

1. 分别写出自排涵闸、主河道围堰和支沟围堰的建筑物级别。
2. 本工程采用的是哪种导流方式？确定围堰顶高程需要考虑哪些要素？
3. 列出本工程从围堰填筑至工程完工时段内，施工关键线路上的主要施工项目。
4. 写出堤防填筑面作业的主要工序；提出本工程料场土料含水量偏大的主要处理措施。

（二）

背景资料：

某施工单位承担江北取水口加压泵站工程施工，该泵站设计流量5.0m^3/s，站内安装4台卧式双吸离心泵和1台最大起重量为16t的常规桥式起重机，泵站纵剖面如图2所示。泵站墩墙、排架及屋面混凝土模板及脚手架均采用落地式钢管支撑体系。施工场区地面高程为28.00m，施工期地下水位为25.10m，施工单位采用管井法降水，保证基坑地下水位在建基面以下；泵站基坑采用放坡式开挖，开挖边坡1：2。

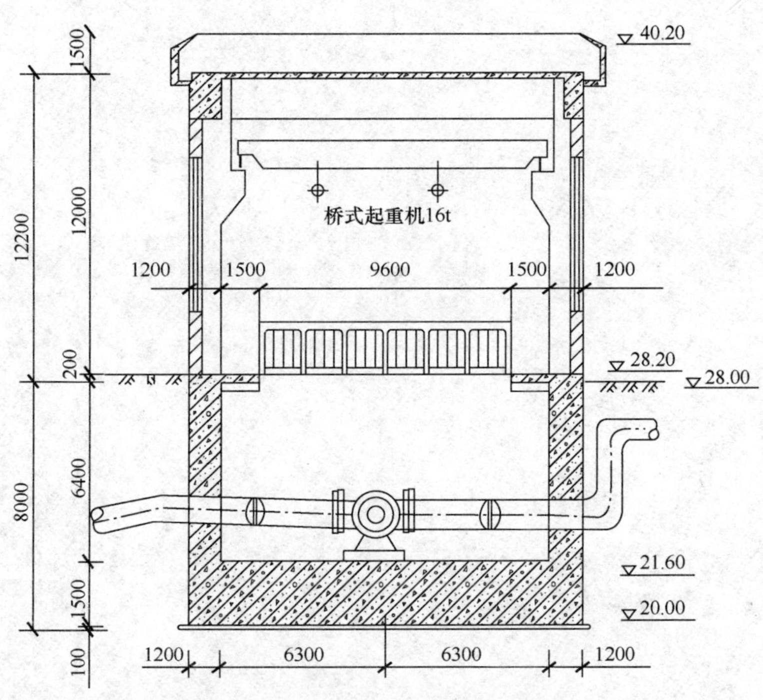

图2　泵站纵剖面图（高程以m计，尺寸以mm计）

施工过程中发生如下事件：

事件1：工程施工前，施工单位组织专家论证会，对超过一定规模的危险性较大的单项工程专项施工方案进行审查论证，专家组成员包括该项目的项目法人技术负责人、总监理工程师、运行管理单位负责人、设计项目负责人以及其他施工单位技术人员2名和2名高校专业技术人员。会后施工单位根据审查论证报告修改完善专项施工方案，经项目法人技术负责人审核签字后组织实施。

事件2：在进行屋面施工时，泵室四周土方已回填至28.00m高程。某天夜间在进行屋面混凝土浇筑施工时，1名工人不慎从脚手架顶部坠地死亡，发生高处坠落事故。

问题：

1. 根据《水利水电工程施工安全管理导则》SL 721—2015，背景资料中超过一定规模的危险性较大的单项工程包括哪些？

2. 根据《水利水电工程施工安全管理导则》SL 721—2015，指出事件1中的不妥之处，并简要说明正确做法。

3. 什么是高处作业？说明事件 2 中高处作业的级别和种类？

4. 根据《水利部生产安全事故应急预案（试行）》，生产安全事故共分为哪几级？事件 2 中的生产安全事故属于哪一级？

（三）

背景资料：

某新建水闸工程，发包人依据《水利水电工程标准施工招标文件》（2009 年版）编制施工招标文件。发包人与承包人签订的施工合同约定：合同工期 8 个月，签约合同价为 1280 万元。监理人向承包人发出的开工通知中载明的开工时间为第一年 10 月 1 日。闸室施工内容包括基坑开挖、闸底板垫层混凝土、闸墩混凝土、闸底板混凝土、闸门安装及调试、门槽二期混凝土、底槛及导轨等埋件安装、闸上公路桥等项工作，承包人编制经监理人批准的闸室施工进度计划如图 3 所示（每月按 30d 计，不考虑工作之间的搭接）。

序号	工作名称	持续时间（天）	第一年			第二年				
			10	11	12	1	2	3	4	5
1	基坑开挖	30								
2	A	20								
3	B	30								
4	C	55								
5	底槛及导轨等埋件安装	20								
6	D	25								
7	E	15								
8	闸上公路桥	30								
计划完成工程价款（万元）			150	160	180	200	190	170	130	100

图 3　闸室施工进度计划

施工过程中发生如下事件：

事件 1：承包人收到发包人提供的测量基准点等相关资料后，开展了施工测量，并将施工控制网资料提交监理人审批。

事件 2：经监理人确认的截至第一年 12 月底、第二年 3 月底累计完成合同工程价款分别为 475 万元和 1060 万元。

事件 3：水闸工程合同工程完工验收后，承包人向监理人提交了完工付款申请单，并提供相关证明材料。

问题：

1. 指出图 3 中 A、B、C、D、E 分别代表的工作名称；分别指出基坑开挖和底槛及导轨等埋件安装两项工作的计划开始时间和完成时间。

2. 事件 1 中，除测量基准点外，发包人还应提供哪些基准资料？承包人应在收到发包人提供的基准资料后多少天内向监理人提交施工控制网资料？

3. 分别写出事件 2 中，截至第一年 12 月底、第二年 3 月底的施工进度进展情况（用“实际比计划超前或拖后××万元”表述）。

4. 事件 3 中，承包人向监理人提交的完工付款申请单的主要内容有哪些？

（四）

背景资料：

某水利工程施工招标文件依据《水利水电工程标准施工招标文件》（2009年版）和《水利工程工程量清单计价规范》GB 50501—2007编制。合同约定：合同工期20个月，以已标价工程量清单中土方工程所含子目为单元，对柴油进行调差。调差子目完工后，若其施工期间工程所在地造价信息（月刊）载明的柴油价格平均值超过中标价中柴油价格的5%时，超出5%以上部分予以调差。招标及合同管理过程中发生如下事件：

事件1：招标人A编制的招标报价表由主表和辅表组成，其中主表由投标总价、工程项目总价表，零星工作项目清单计价表等组成。编标人员建议零星工作项目清单计价表中的单价适当报高价。

事件2：在投标截止时间前投标人B提交了调价函（一正二副），将投标总价由3000万元下调至2900万元，其他不变。调价函按照招标文件要求签字、盖章、密封、装订、标识后，递交至投标文件接收地点。

事件3：合同谈判时，合同双方围绕项目经理是否应该履行下述职责进行商讨：（1）组织提交开工报审表；（2）组织编制围堰工程专项施工方案，并现场监督实施；（3）组织开展二级安全教育培训；（4）组织填写质量缺陷备案表；（5）签发工程质量保修书；（6）组织编制竣工财务决算；（7）组织提交完工付款申请单。

事件4：中标价中，土方开挖工程柴油消耗定额为0.14kg/m^3，柴油价格3元/kg。土方开挖工程施工期4个月，合同工程量100000m^3，实际开挖工程量110000m^3，按施工图纸计算的工程量为108000m^3。施工期间工程所在地造价信息（月刊）载明的4个月柴油价格分别为3.0元/kg、3.2元/kg、3.5元/kg、3.1元/kg。

问题：

1. 事件1中，除已列出的表格外，投标报价主表还应包括哪些表格？编标人员的建议是否合理？说明理由。

2. 事件2中，投标人B提交的调价函有哪些不妥？说明理由。

3. 事件3商讨的职责中，哪些属于项目经理职责范围？

4. 事件4中，土方开挖子目应当按哪个工程量进行计量？说明理由。分析计算该子目承包人应得的调差金额（单位：元，保留小数点后两位）。

2020年度真题参考答案及解析

一、单项选择题

1. D；	2. B；	3. A；	4. A；	5. A；
6. B；	7. C；	8. A；	9. A；	10. C；
11. B；	12. B；	13. D；	14. C；	15. C；
16. A；	17. C；	18. B；	19. B；	20. D。

【解析】

1. D。本题考核的是反滤层的设置。为避免因渗透系数和材料级配的突变而引起渗透变形，在防渗体与坝壳、坝壳与排水体之间都要设置2~3层粒径不同的砂石料作为反滤层。材料粒径沿渗流方向由小到大排列。

2. B。本题考核的是工程合理使用年限。1级、2级永久性水工建筑物中闸门的合理使用年限应为50年，其他级别的永久性水工建筑物中闸门的合理使用年限应为30年。

3. A。本题考核的是混凝土保护层厚度的要求。钢筋的混凝土保护层厚度是指，从混凝土表面到钢筋（包括纵向钢筋、箍筋和分布钢筋）公称直径外边缘之间的最小距离；对后张法预应力筋，为套管或孔道外边缘到混凝土表面的距离。

4. A。本题考核的是水利水电工程施工放样基础知识。我国自1988年1月1日起开始采用1985国家高程基准作为高程起算的统一基准。

5. A。本题考核的是集料的主要质量要求。计算普通混凝土配合比时，一般以干燥状态的集料为基准，而大型水利工程常以饱和面干状态的集料为基准。

6. B。本题考核的是土工合成材料的应用。土工网常用于坡面防护、植草、软基加固垫层和用于制造复合排水材料。土工格栅强度高、延伸率低，是加筋的好材料。土工管可用于护岸、崩岸抢险和堆筑堤防。土工合成材料黏土垫层可代替一般的黏土密封层，用于水利或土木工程中的防渗或密封设计。

7. C。本题考核的是抛投块料截流。混合堵是采用立堵与平堵相结合的方法。有先平堵后立堵和先立堵后平堵两种。用得比较多的是首先从龙口两端下料，保护戗堤头部，同时施工护底工程并抬高龙口底槛高程到一定高度，最后用立堵截断河流。

8. A。本题考核的是人工开挖要求。人工开挖过程中，处于河床或地下水位以下的建筑物基础开挖，应特别注意做好排水工作。施工时，应先开挖排水沟，再分层下挖。临近设计高程时，应留出0.2~0.3m的保护层暂不开挖，待上部结构施工时，再予以挖除。

9. A。本题考核的是混凝土浇筑温度控制。层间间歇超过混凝土初凝时间，会出现冷缝，使层间的抗渗、抗剪和抗拉能力明显降低。

10. C。本题考核的是地基基础处理的灌浆方法。接触灌浆是在建筑物和岩石接触面之间进行的灌浆，以加强两者间的结合程度和基础的整体性，提高抗滑稳定性，同时也是增进岩石固结与防渗性能的一种方法。

11. B。本题考核的是模板设计规定。新浇筑混凝土重量通常可按 24~25kN/m^3 计算。

12. B。本题考核的是钢筋标注。钢筋图中，“ϕ”为钢筋直径及种类的代号，表示Ⅱ级钢筋。

13. D。本题考核的是混凝土养护时间。混凝土宜养护至设计龄期，养护时间不宜少于 28d。闸墩、抗冲磨混凝土等特殊部位宜适当延长养护时间。

14. C。本题考核的是水利水电工程注册建造师施工管理签章文件。选项 A、B 属于质量管理文件；选项 D 属于合同管理文件。选项 C 不属于水利水电工程注册建造师施工管理签章文件。

15. C。本题考核的是水利工程设计变更要求。重大设计变更文件，由项目法人按原报审程序报原初步设计审批部门审批。一般设计变更由项目法人组织审查确认后，并报项目主管部门核备，必要时报项目主管部门审批。选项 C 属于一般设计变更；选项 A、B、D 属于重大设计变更。

16. A。本题考核的是竣工决算的基本内容。建设项目未完工程投资及预留费用可预计纳入竣工财务决算。大中型项目应控制在总概算的 3%以内，小型项目应控制在 5%以内。

17. C。本题考核的是用电负荷。木材加工厂、钢筋加工厂的主要设备属三类负荷。选项 A、B、D 属于一类负荷。

18. B。本题考核的是水土保持方案的审批部门。生产建设单位应当编制水土保持方案，报县级以上人民政府水行政主管部门审批。

19. B。本题考核的是爆破器材装卸规定。人力装卸和搬运爆破器材，每人一次以 25~30kg 为限，搬运者相距不得少于 3m。

20. D。本题考核的是劳动安全有关要求。采用开敞式高压配电装置的独立开关站，其场地四周应设置高度不低于 2.2m 的围墙。

二、多项选择题

21. A、B、C；	22. B、C、E；	23. A、B、C、D；
24. B、C、D；	25. B、C、D；	26. A、C；
27. D、E；	28. B、C、D；	29. C、D、E；
30. A、B、E。		

【解析】

21. A、B、C。本题考核的是重力坝分缝的作用。为了满足施工要求，防止由于温度变化和地基不均匀沉降导致坝体裂缝，在坝内需要进行分缝。

22. B、C、E。本题考核的是水闸下游连接段的组成。下游连接段通常包括护坦（消力池）、海漫、下游防冲槽以及下游翼墙与护坡等。

23. A、B、C、D。本题考核的是施工放样。施工放样的原则是“由整体到局部”“先控制、后碎部”，即由施工控制网测设工程建筑物的主轴线，用以控制工程建筑物的整个位置。根据主轴线来测设工程建筑物细部，保证各部分设计的相对位置。测设细部的精度比测设主轴线的精度高。各细部的精度要求也不一样。各控制点应为同一坐标体系。

24. B、C、D。本题考核的是砂的分类。砂按粗细程度不同可分为粗砂、中砂和细砂。

25. B、C、D。本题考核的是炮孔布置原则。合理布置炮孔是提高爆破效率的关键，布置时应注意以下原则：（1）炮孔方向不宜与最小抵抗线方向重合，因为炮孔堵塞物强度弱于岩石，爆炸产生的气体容易从这里冲出，致使爆破效果大为降低。(2) 充分利用有利地形，尽量利用和创造自由面，减小爆破阻力，以提高爆破效率。(3) 根据岩石的层面、节理、裂隙等情况进行布孔，一般应将炮孔与层面、节理等垂直或斜交，但不宜穿过较宽的裂隙，以免漏气。(4) 当布置有几排炮孔时，应交错布置成梅花形，第一排先爆，然后第二排等依次爆破，这样可以提高爆破效果。

26. A、C。本题考核的是机电设备安装的基本要求。同心校正是校正电机座上传动轴孔与水泵弯管上泵轴孔的同心度，施工中通常称为找正或找平校正。故选项 A 正确。水平校正以电机座的轴承座平面为校准面。故选项 B 错误。当测算出的摆度值不满足规定要求时，通常是采用刮磨推力盘底面的方法进行调整。故选项 C 正确。立式机组的安装与卧式机组有所不同，其水泵是安装在专设的水泵梁上，动力机安装在水泵上方的电机梁上。故选项 D 错误。中小型立式轴流泵机组安装流程是安装前准备、泵体就位、电机座就位、水平校正、同心校正、固定地脚螺栓、泵轴和叶轮安装、传动轴安装、电动机吊装、验收。故选项 E 错误。

27. D、E。本题考核的是水利工程建设项目建设阶段的工作。过程评价包括：前期工作、建设实施、运行管理等。选项 A、B 属于经济评价；选项 C 属于项目后评价。

28. B、C、D。本题考核的是水利 PPP 项目的相关规定。水利 PPP 项目由项目所在地县级以上人民政府授权的部门或单位作为实施机构。故选项 A 错误。对新建项目，其中经济效益较好，能够通过使用者付费方式平衡建设经营成本并获取合理收益的经营性水利工程，一般采用特许经营合作方式。故选项 B 正确。水利 PPP 项目实施机构依据经批准的实施方案，组织起草 PPP 项目合同草案。故选项 C 正确。社会资本方的选择方式：项目实施机构可依法采用公开招标、邀请招标、竞争性谈判等方式。故选项 D 正确。项目实施机构、相关政府部门根据水利 PPP 项目合同和有关规定，对项目公司履行 PPP 项目建设与运行管理责任进行监管。故选项 E 错误。

29. C、D、E。本题考核的是建设项目管理专项制度。水利工程项目建设实行项目法人责任制、招标投标制和建设监理制，简称“三项”制度。故选项 A 错误。水利工程建设监理是指具有相应资质的水利工程建设监理单位，受项目法人（或建设单位）委托，按照监理合同对水利工程建设项目实施中的质量、进度、资金、安全生产、环境保护等进行的管理活动，包括水利工程施工监理、水土保持工程施工监理、机电及金属结构设备制造监理、水利工程建设环境保护监理。故选项 B 错误。水利工程建设监理实行总监理工程师负责制。故选项 C 正确。水利工程建设项目代建制为建设实施代建，代建单位对水利工程建设项目施工准备至竣工验收的建设实施过程进行管理。故选项 D 正确。可以支付代建单位利润或奖励资金，一般不超过代建管理费的 10%。故选项 E 正确。

30. A、B、E。本题考核的是水工程实施保护和建设许可的相关规定。《水法》从保持河道、运河、渠道畅通以及保证湖泊、水库正常发挥效益出发，针对各类生产建设活动的特点以及可能产生的危害，分别作出了禁止性规定和限制性规定。故选项 A、B 正确。水工程是指在江河、湖泊和地下水源上开发、利用、控制、调配和保护水资源的各类工程。故选项 C 错误。管理范围通常视为水工程设施的组成部分。故选项 D 错误。《水法》第十五条规定，流域范围内的区域规划应当服从流域规划，专业规划应当服从综合规划。故选项 E 正确。

三、实务操作和案例分析题

（一）

1. 自排涵闸建筑物的级别为3级，主河道围堰的级别为5级，支沟围堰的级别为5级。

2. 本工程采用一次拦断河床围堰导流。

确定围堰顶高程需要考虑：堰前施工期最高水位（或施工期设计水位）、波浪爬高、围堰安全超高。

3. 施工关键线路上的主要施工项目有：围堰填筑，基坑初期排水（或降排水），基坑开挖（或土方开挖），混凝土工程施工，土方填筑，金属结构安装，机电设备安装，围堰拆除。

4. 堤防填筑面作业的主要工序包括：铺料、整平、压实（碾压）、边坡整修、质量检查。

本工程料场土料含水量偏大的主要处理措施：（1）料场排水；（2）土料翻晒。

（二）

1. 超过一定规模的危险性较大的单项工程有：深基坑的土方开挖、降水工程以及混凝土模板支撑工程。

2. 事件1中的不妥之处及正确做法：

不妥之处一：专家组成员包括该项目的项目法人技术负责人、总监理工程师、运行管理单位负责人、设计项目负责人以及其他施工单位技术人员2名和2名高校专业技术人员。

正确做法：项目法人技术负责人、总监理工程师、设计项目负责人应不以专家身份参加会议。

不妥之处二：会后施工单位根据审查论证报告修改完善专项施工方案，经项目法人技术负责人审查签字后组织实施。

正确做法：施工单位应根据审查论证报告修改完善专项施工方案，经施工单位技术负责人、总监理工程师、项目法人单位负责人审核签字后，方可组织实施。

3. 凡在坠落高度基准面2m及以上有可能坠落的高处进行作业，均称为高处作业。事件2中的高处作业的级别属于二级高处作业，属于特殊高处作业中的夜间高处作业。

4. 根据《水利部生产安全事故应急预案（试行）》，生产安全事故分为特别重大事故、重大事故、较大事故和一般事故4个等级。事件2中1名工人死亡，属于一般事故。

（三）

1. 图3中A、B、C、D、E分别代表的工作名称分别为：A：闸底板垫层混凝土；B：闸底板混凝土；C：闸墩混凝土；D：门槽二期混凝土；E：闸门安装及调试。

基坑开挖工作的计划开始时间为第一年10月1日，计划完成时间为第一年10月30日；底槛及导轨等埋件安装的计划开始时间为第二年2月16日，计划完成时间为第二年3月5日。

2. 事件1中，除测量基准点外，发包人还应提供基准线和水准点及其相关资料。承包人应在收到上述资料后的28d内，将施测的施工控制网资料提交监理人审批。

3. 截至第一年12月底，累计完成合同工程价款实际比计划拖后15万元；第二年3月底累计完成合同工程价款实际比计划超前 10 万元。

4. 完工付款申请单的主要内容：完工结算合同总价、发包人已支付承包人的工程价款、应扣留的质量保证金、应支付的完工付款金额。

（四）

1. 事件 1 中，除已列出的表格外，投标报价主表还应包括：分类分项工程量清单计价表；措施项目清单计价表；其他项目清单计价表。

编标人员的建议合理。

理由：零星工作项目清单没有工程量，只填报单价，不计入工程项目总价表。

2. 事件 2 中，投标人 B 提交的调价函存在的不妥之处及理由。

不妥之处一：在投标截止时间前投标人 B 提交了调价函（一正二副）。

理由：投标文件份数要求是正本 1 份，副本 4 份。

不妥之处二：将投标总价由 3000 万元下调至 2900 万元，其他不变。

理由：修改投标函中的投标报价，应同时修改“工程量清单”中的相应报价，并附修改后的单价分析表（含修改后的基础单价计算表）（或应同时修改单价）和措施项目表（临时工程费用表）。

3. 事件 3 商讨的职责中，属于项目经理职责范围有：（1）组织提交开工报审表。（2）组织开展二级安全教育培训。（3）组织提交完工付款申请单。用序号表示则为：（1）、（3）、（7）。

4. 事件 4 中，土方开挖子目应当按施工图纸计算的工程量（108000m^3）进行计量。

理由：土方开挖工程应按施工图纸所示的轮廓尺寸计算的有效自然方体积以立方米计量。合同工程量是估算工程量，实际开挖工程含超挖量和附加量，均不作为结算工程量。

施工期间工程所在地造价信息（月刊）载明的 4 个月柴油平均价格为 3.2 元/kg；柴油调差价格＝0.14×（3.2−3×1.05）＝0.007 元/m^3；该子目承包人应得的调差金额＝108000×0.007＝756 元。

2019年度全国二级建造师执业资格考试

《水利水电工程管理与实务》

真题及解析

2019年度《水利水电工程管理与实务》真题

一、**单项选择题**（共20题，每题1分。每题的备选项中，只有1个最符合题意）

1. 下列示意图中，表示土坝排水棱体常用断面型式的是（　　）。

A. 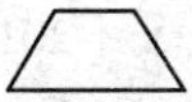 　　B. 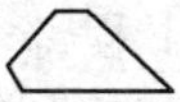 　　C. 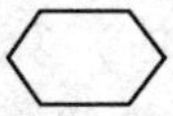 　　D.

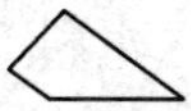

2. 混凝土重力坝排水廊道一般布置在（　　）。

A. 坝基础位置　　B. 坝上游侧

C. 坝中心线位置　　D. 坝下游侧

3. 拱坝是（　　）。

A. 静定结构　　B. 瞬变结构　　C. 可变结构　　D. 超静定结构

4. 根据《水利水电工程等级划分及洪水标准》SL 252—2017，水利水电工程等别分为（　　）等。

A. 二　　B. 三　　C. 四　　D. 五

5. 闸门的合理使用年限最高为（　　）年。

A. 20　　B. 30　　C. 50　　D. 100

6. 下列示意图中，表示逆断层的是（　　）。

A. 下盘 断层面 上盘

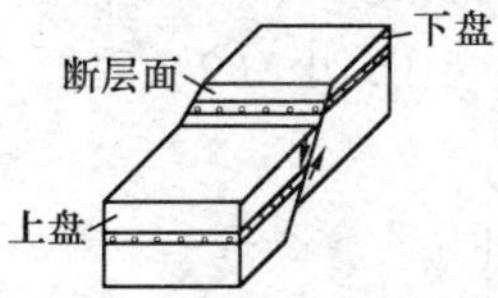

B. 上盘 断层面 下盘

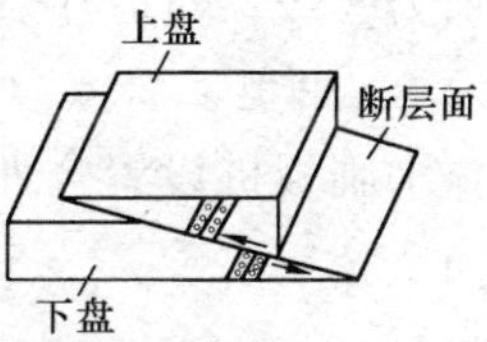

C. 断层面

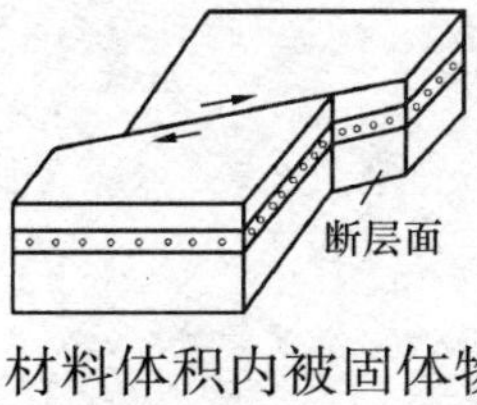

D. 断层面

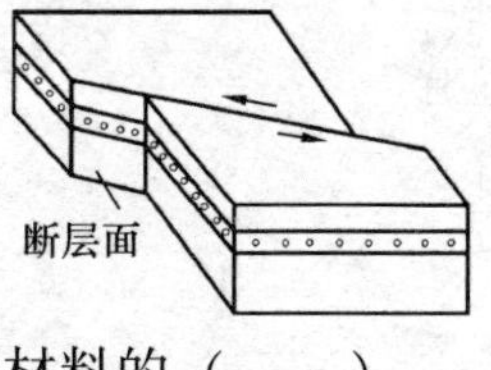

7. 材料体积内被固体物质所充实的程度称为材料的（　　）。

A. 孔隙率　　B. 密实度　　C. 填充率　　D. 空隙率

8. 土围堰发生漏洞险情，最有效的控制险情发展的方法是（　　）。

A. 堵塞漏洞进口　　B. 堵塞漏洞出口

C. 堵塞漏洞进出口　　D. 设置排渗井

9. 高处作业是指在坠落高度基准面（　　）m及以上的作业。

A. 2　　B. 3　　C. 4　　D. 5

10. 当水利工程建设项目初步设计静态总投资超过已批准的可行性研究报告估算静态总投资达10%时，则需（　　）。

A. 提出专题分析报告　　B. 重新编制初步设计

C. 调整可行性研究投资估算　　D. 重新编制可行性研究报告

11. 水库大坝首次安全鉴定应在竣工验收后（　　）年内进行。

A. 3　　B. 4　　C. 5　　D. 10

12. 下列内容中，不属于竣工决算审计监督和评价的内容是决算的（　　）。

A. 真实性　　B. 合法性　　C. 效益性　　D. 时效性

13. 根据《水利部办公厅关于印发〈水利工程营业税改征增值税计价依据调整办法〉的通知》（办水总［2016］132号），采用《水利工程施工机械台时费定额》计算施工机械使用费时，修理及替换设备费应除以（　　）的调整系数。

A. 1　　B. 1.1　　C. 1.15　　D. 1.2

14. 根据《水利工程设计概（估）算编制规定（工程部分）》（水总［2014］429号），下列费用中，不属于工程单价构成要素中“费”的组成部分是（　　）。

A. 基本直接费　　B. 间接费　　C. 企业利润　　D. 税金

15. 根据《水利部关于修订印发水利建设质量工作考核办法的通知》（水建管［2018］102号），对省级水行政主管部门考核时，其中项目考核得分占考核总分的（　　）。

A. 20%　　B. 30%　　C. 40%　　D. 50%

16. 监理人收到承包人索赔通知书后，答复索赔处理结果的时间为（　　）天内。

A. 15　　B. 28　　C. 30　　D. 42

17. 施工详图提交施工单位前，应由（　　）签发。

A. 项目法人　　B. 监理单位　　C. 设计单位　　D. 质量监督机构

18. 河道在汛期安全运用的上限水位是指（　　）。

A. 保证洪水位　　B. 最高洪水位　　C. 设计洪水位　　D. 校核洪水位

19. 某大坝工程级别为5级，对应注册建造师执业工程规模标准为（　　）。

A. 大型　　B. 中型　　C. 小（1）型　　D. 小（2）型

20. 下列示意图中，水闸板桩设置合理的是（　　）。

A.

B.

C.

D.

二、多项选择题（共10题，每题2分。每题的备选项中，有2个或2个以上符合题意，至少有1个错项。错选，本题不得分；少选，所选的每个选项得0.5分）

21. 根据《水工建筑物岩石基础开挖工程施工技术规范》SL 47—1994，水工建筑物岩石基础开挖临近建基面不应采用（　　）施工。

A. 洞室爆破　　B. 梯段爆破

C. 预留保护层人工撬挖　　D. 药壶爆破

E. 深孔爆破

22. 水工建筑物的耐久性是指在合理使用年限内保持其（　　）的能力。

A. 经济性　　B. 适用性　　C. 安全性　　D. 外观性

E. 维护性

23. 经纬仪测量角度的方法有（　　）。

A. 回测法　　B. 双测法　　C. 全圆测回法　　D. 回转法

E. 方格网法

24. 下列关于钢筋的表述，正确的是（　　）。

A. HPB 表示为带肋钢筋

B. HRB335 中的数字表示极限强度

C. HRB500 适宜用做预应力钢筋

D. I 型冷轧扭钢筋的截面形状为矩形

E. CRB 为冷轧带肋钢筋

25. 土坝坝面作业包含的主要工序有（　　）。

A. 铺料　　B. 排水　　C. 整平　　D. 压实

E. 加水

26. 根据水利部《关于调整水利工程建设项目施工准备开工条件的通知》（水建管［2017］177 号），项目施工准备开工应满足的条件包括（　　）。

A. 项目可行性研究报告已经批准

B. 环境影响评价文件已批准

C. 年度投资计划已下达

D. 初步设计报告已批复

E. 建设资金已落实

27. 根据《水利水电工程设计质量评定标准》T/CWHIDA 0001—2017，下列内容中，属于施工组织设计部分的经济性要求是（　　）。

A. 主要基础资料齐全可靠

B. 导流方案应满足下游供水的要求

C. 导流建筑物规模恰当

D. 对外交通方案符合实际

E. 施工布置应满足爆破对安全距离的要求

28. 水资源规划按层次划分为（　　）。

A. 全国战略规划

B. 供水规划

C. 流域规划

D. 区域规划

E. 调水规划

29. 开发建设项目水土流失防治指标包括（　　）。

A. 土地侵蚀模数

B. 扰动土地整治率

C. 水土流失总治理度

D. 土壤流失控制比

E. 拦渣率

30. 根据《水电水利工程施工监理规范》DL/T 5111—2012，工程变更分为（　　）。

A. 特别重大工程变更

B. 重大工程变更

C. 较大工程变更

D. 一般工程变更

E. 常规设计变更

三、实务操作和案例分析题（共 4 题，每题 20 分）

（一）

背景资料：

某水库工程由混凝土面板堆石坝、溢洪道和输水隧洞等主要建筑物组成，水库总库容 0.9 亿 m^3。

混凝土面板堆石坝最大坝高 68m，大坝上下游坡比均为 1 : 1.5，大坝材料分区包括：石渣压重（1B）区、黏土铺盖（1A）区、混凝土趾板、混凝土面板及下游块石护坡等。混凝土面板堆石坝材料分区示意图如图 1 所示。

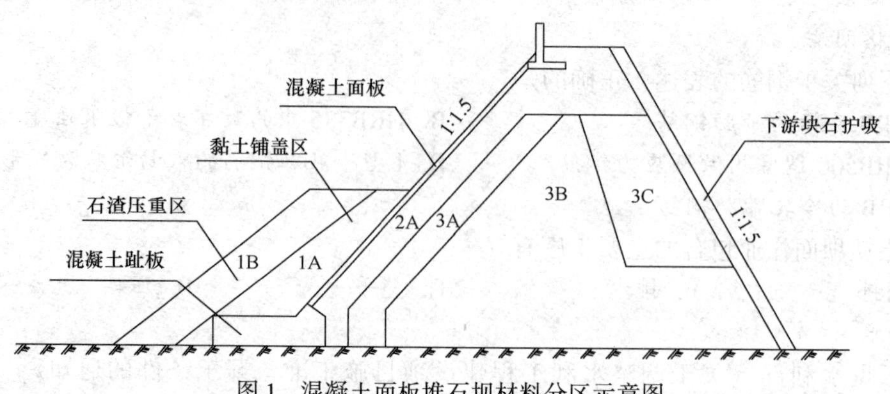

图 1　混凝土面板堆石坝材料分区示意图

施工过程中发生如下事件：

事件 1：施工单位在坝体填筑前，按照设计要求对堆石料进行了现场碾压试验，通过试验确定了振动碾的激振力、振幅、频率、行车速度和坝料加水量等碾压参数。

事件 2：施工单位在面板混凝土施工前，提供了面板混凝土配合比，见表 1。

面板混凝土配合比　　**表 1**

编号	水泥品种等级	水胶比	砂率	每方混凝土材料用量 kg/m³					
				水	水泥	砂	小石	中石	粉煤灰
1-1	P. MH 42. 5	*A*	*B*	122	249	760	620	620	56

事件 3：混凝土趾板分部工程共有 48 个单元工程，单元工程质量评定全部合格，其中 28 个单元工程质量优良，主要单元工程、重要隐蔽单元工程（关键部位单元工程）质量优良，且未发生质量事故；中间产品质量全部合格，其中混凝土试件质量达到优良，原材料质量合格。故该分部工程评定为优良。

事件 4：根据施工进度安排和度汛要求，第一年汛后坝体施工由导流洞导流，土石围堰挡水，围堰高度 14. 8m；第二年汛前坝体施工高程超过上游围堰顶高程，汛期大坝临时挡洪度汛，相应大坝可拦洪库容为 $0.3 \times 10^8 m^3$。

问题：

1. 分别指出图 1 中 2A、3A、3B、3C 所代表的坝体材料分区名称。

2. 除背景资料所述内容外，事件 1 中的碾压参数还应包括哪些内容？

3. 计算事件 2 混凝土施工配合比表中的水胶比 *A* 值（保留小数点后两位）和砂率 *B* 值（用%表示、保留小数点后两位）。

4. 事件 3 中趾板分部工程质量评定结论是否正确？简要说明理由。

5. 指出该水库工程等别、工程规模及面板堆石坝建筑物级别。指出事件 4 土石围堰的洪水标准和面板堆石坝施工期临时度汛的洪水标准。

（二）

背景资料：

某水利水电工程项目采取公开招标方式招标，招标人依据《水利水电工程标准施工招标文件》（2009 年版）编制招标文件。招标文件明确：承包人应具有相应资质和业绩要求、具有 AA 及以上的信用等级；投标有效期为 60d；投标保证金为 50 万元整。

该项目招标投标及实施过程中发生如下事件：

事件 1：A 投标人在规定的时间内，就招标文件设定信用等级作为资格审查条件，向招标人提出书面异议。

事件 2：该项目因故需要暂停评标，招标人以书面形式通知所有投标人延长投标有效期至 90d。B 投标人同意延长投标有效期，但同时要求局部修改其投标文件，否则拒绝延长。

事件 3：C 投标人提交全部投标文件后发现报价有重大失误，在投标截止时间前，向招标人递交了书面文件，要求撤回投标文件，放弃本次投标。

事件 4：投标人 D 中标并与发包人签订施工总承包合同。根据合同约定，总承包人 D 把土方工程分包给具有相应资质的分包人 E，并与之签订分包合同，且口头通知发包人。分包人 E 按照规定设立项目管理机构，其中，项目负责人、质量管理人员等均为本单位人员。

事件 5：监理工程师检查时发现局部土方填筑压实度不满足设计要求，立即向分包人 E 下达了书面整改通知。分包人 E 整改后向监理机构提交了回复单。

问题：

1. 针对事件 1，招标人应当如何处理？

2. 针对事件 2，B 投标人提出修改其投标文件的要求是否妥当？说明理由。招标人应如何处理该事件？

3. 事件 3 中，招标人应如何处理 C 投标人撤回投标文件的要求？

4. 指出并改正事件 4 中不妥之处。分包人 E 设立的项目管理机构中，还有哪些人员必须是本单位人员？

5. 指出并改正事件 5 中不妥之处。

（三）

背景资料：

某施工单位承担新庄穿堤涵洞拆除重建工程施工，该涵洞建筑物级别为 2 级，工程建设内容包括：拆除老涵洞、重建新涵洞等。老涵洞采用凿除法拆除；基坑采用挖明沟和集水井方式进行排水。施工平面布置示意图如图 2 所示。

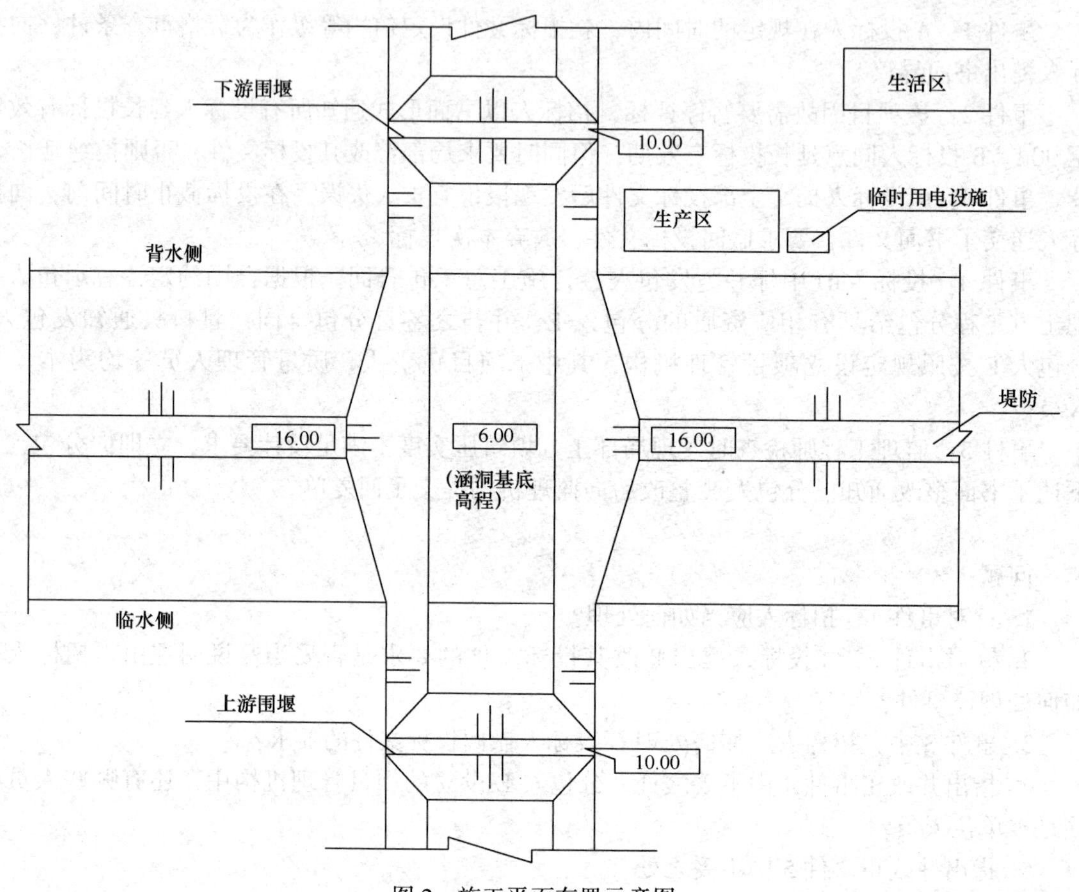

图 2　施工平面布置示意图

为加强施工管理，规范施工项目负责人执业行为，根据《水利水电工程注册建造师施工管理签章文件目录》，施工单位梳理出需由该施工项目负责人（注册建造师）签署的施工管理文件清单，其中，质量管理类文件包括施工技术方案报审表等。

根据《水利水电工程施工安全管理导则》SL 721—2015，施工单位在施工前，针对本工程提出了需编制专项施工方案的单项工程清单。各专项施工方案以施工技术方案报审表形式报送，专项施工方案包括工程概况等内容。对于需组织专家进行审查论证的专项施工方案，在根据专家审查论证报告修改完善并履行相应审核签字手续后组织实施。

问题：

1. 根据《水利水电工程注册建造师施工管理签章文件目录》，除施工技术方案报审表外，需由项目负责人（注册建造师）签署的质量管理类文件，还应包括哪些？

2. 根据《水利水电工程施工安全管理导则》SL 721—2015，结合背景资料，本工程中需编制专项施工方案的单项工程有哪些？其中需组织专家进行审查论证的有哪些？说明需组织专家审查论证的理由。

3. 根据《水利水电工程施工安全管理导则》SL 721—2015，除工程概况外，专项施工方案中还应包括哪些方面的内容？根据专家审查论证报告修改完善后的专项施工方案，在实施前应履行哪些审核签字手续？

（四）

背景资料：

发包人与承包人依据《水利水电工程标准施工招标文件》（2009 年版）签订了河道整治工程施工合同。合同约定：（1）签约合同价为 860 万元，合同工期为 11 个月，2016 年 12 月 1 日开工；（2）质量保证金为签约合同价的 3%，质量保证金在合同工程完工验收和缺陷责任期满后分两次退还，每次退还 50%；（3）缺陷责任期为一年；（4）逾期完工违约金为签约合同价的 3.5‰/d。

施工过程中发生如下事件：

事件 1：发包人根据合同约定按时向承包人提供了施工场地范围图和施工场地有关资料。

事件 2：项目经理因故要短期离开施工现场，事前履行了相关手续。在项目经理离开期间，施工项目部向监理人提交了单元工程质量报验单。该报验单仅盖有施工项目部印章。

事件 3：2017 年 11 月 20 日签发的合同工程完工证书中注明合同工程完工验收时间（实际完工日期）为 2017 年 11 月 8 日。

事件 4：在缺陷责任期内，为修补工程缺陷，经发包人同意，承包人动用了质量保证金 6 万元整。监理人确认在缺陷责任期满后项目达到质量标准，缺陷责任期按期终止。

问题：

1. 事件 1 中发包人提供的施工场地范围图应明确哪些主要内容？施工场地有关资料包括哪些？

2. 针对事件 2，说明项目经理离开现场前要履行什么手续？施工项目部报送的单元工程质量报验单还应履行何种签章手续？

3. 针对事件 3，计算逾期完工违约金（单位：万元，保留小数点后两位）。

4. 针对事件 3 和事件 4，提出质量保证金退还的时间并计算金额（单位：万元，保留小数点后两位）。

2019 年度真题参考答案及解析

一、单项选择题

1. B；	2. B；	3. D；	4. D；	5. C；
6. B；	7. B；	8. A；	9. A；	10. A；
11. C；	12. D；	13. B；	14. A；	15. C；
16. D；	17. B；	18. A；	19. B；	20. C。

【解析】

1. B。本题考核的是棱体排水。近两年考试中，对示意图的判断考查较多，应注意掌握教材中的示意图。棱体排水如图 3 所示。

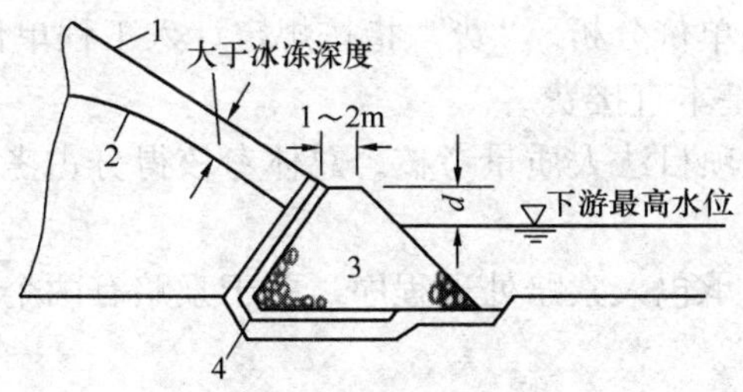

图 3　堆石棱体排水

1—下游坝坡；2—浸润线；3—棱体排水；4—反滤层

由上图可知，选项 B 是正确的。

2. B。本题考核的是基础灌浆廊道的设置。基础灌浆廊道设置在上游坝踵处。与 2013 年考查了相同的考点。

3. D。本题考核的是拱坝的特点。拱坝是超静定结构，有较强的超载能力，受温度的变化和坝肩位移的影响较大。

4. D。本题考核的是水利水电工程等别。根据《水利水电工程等级划分及洪水标准》SL 252—2017 的规定水利水电工程等别，根据其工程规模、效益以及在国民经济中的重要性，划分为Ⅰ、Ⅱ、Ⅲ、Ⅳ、Ⅴ五等。

5. C。本题考核的是工程合理使用年限。1 级、2 级永久性水工建筑物中闸门的合理使用年限应为 50 年，其他级别的永久性水工建筑物中闸门的合理使用年限应为 30 年。由此可知最高为 50 年。

6. B。本题考核的是水工建筑物的工程地质构造。选项 A 为正断层；选项 C、D 为平移断层。

7. B。本题考核的是建筑材料的基本性质。本题是对概念的考查。孔隙率指材料中孔隙体积所占的百分比。密实度指材料体积内被固体物质所充实的程度。填充率指粉状或颗粒状材料在某堆积体积内，被其颗粒填充的程度。空隙率指粉状或颗粒状材料在某堆积体积内，颗粒之间的空隙体积所占的比例。

8. A。本题考核的是漏洞险情的抢护方法。漏洞险情的抢护方法包括塞堵法、盖堵法、戗堤法。塞堵漏洞进口是最有效最常用的方法。

9. A。本题考核的是高处作业的标准。凡在坠落高度基准面 2m 和 2m 以上有可能坠落的高处进行作业，均称为高处作业。

10. A。本题考核的是初步设计阶段的工作要求。由于工程项目基本条件发生变化，引起工程规模、工程标准、设计方案、工程量的改变，其静态总投资超过可行性研究报告相应估算静态总投资在 15%以下时，要对工程变化内容和增加投资提出专题分析报告。超过 15%（含）以上时，必须重新编制可行性研究报告并按原程序报批。

11. C。本题考核的是水库大坝安全鉴定。水库大坝实行定期安全鉴定制度，首次安全鉴定应在竣工验收后 5 年内进行，水闸首次安全鉴定也是 5 年内进行。

12. D。本题考核的是竣工决算审计。应对其真实性、合法性和效益性进行审计监督和评价。不包括时效性。

13. B。本题考核的是水利工程造价分析。根据水利部办公厅关于印发《水利工程营业税改征增值税计价依据调整办法》（办水总［2016］132 号）的通知，施工机械台时费定额的折旧费除以 1.15 调整系数，修理及替换设备费除以 1.10 调整系数，安装拆卸费不变。

14. A。本题考核的是单价分析。“费”指按规定计入工程单价的其他直接费、间接费、企业利润和税金。不包括基本直接费。

15. C。本题考核的是项目法人质量考核。总体考核得分占考核总分的 60%；项目考核得分占考核总分的 40%。

16. D。本题考核的是承包人索赔处理程序。关于索赔有两个时间点“28”“42”，只有答复索赔处理结果是“42”。

17. B。本题考核的是建设实施阶段的工作内容。2012 年考查了相同考点。施工详图经监理单位审核后交施工单位施工。

18. A。本题考核的是《防洪法》的有关规定。2015 年考查了相同考点。设计洪水位是在坝前达到的最高水位。校核洪水位是水库遇大坝的校核洪水时在坝前达到的最高水位。

19. B。本题考核的是注册建造师执业工程规模标准。水库工程注册建造师执业工程规模标准见表 2。

水库工程注册建造师执业工程规模标准 表 2

工程类别	项目名称	单位	规模			备注
			大型	中型	小型	
		亿立方米	≥1.0	1.0~0.001	<0.001	总库容（总蓄水容积）
水库工程（蓄水枢纽工程）	主要建筑物工程（包括大坝、隧洞、溢洪道、电站厂房、船闸等）	级	1、2	3、4、5		建筑物级别
	次要建筑物工程	级		3、4	5	建筑物级别
	临时建筑物工程	级		3、4	5	建筑物级别
	基础处理工程	级	1、2	3、4、5		相应建筑物级别
	金属结构制作与安装工程	级	1、2	3、4、5		相应建筑物级别
	机电设备安装工程	级	1、2	3、4、5		相应建筑物级别

由上表可知，工程规模为中型。2015 年、2016 年、2018 年都考查了工程规模标准的题目。

20. C。本题考核的是水闸板桩设置。底板按结构形式，可分为平底板、低堰底板和反拱底板。平底板可分为整体式和分离式两种，示意图如图 4 所示。

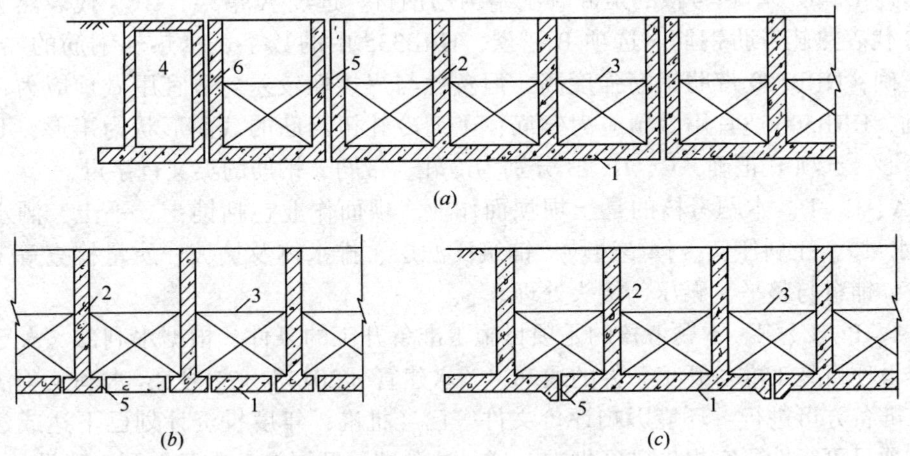

图 4　整体式和分离式底板示意图

（a）整体式底板；（b）、（c）分离式底板

1—底板；2—中墩；3—闸门；4—岸墙；5—分缝；6—边墩

钢筋混凝土铺盖如图 5 所示。

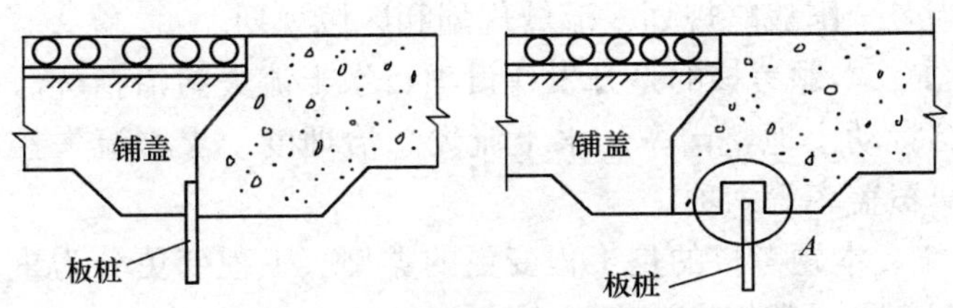

图 5　铺盖构造示意图

二、多项选择题

21. A、B、D、E；　22. B、C；　23. A、C；

24. C、D、E；　25. A、C、D；　26. A、B、C、E；

27. C、D；　28. A、C、D；　29. B、C、D、E；

30. B、C、D、E。

【解析】

21. A、B、D、E。本题考核的是水利工程土石方施工的有关要求。根据《水工建筑物岩石基础开挖工程施工技术规范》SL 47—1994 规定，紧邻水平建基面，应采用预留岩体保护层并对其进行分层爆破的开挖方法，若采用其他开挖方法，必须通过试验证明可行，并经主管部门批准。紧邻设计建基面、设计边坡、建筑物或防护目标，不应采用大孔径爆破方法。严禁在设计建基面、设计边坡附近采用洞室爆破法或药壶爆破法施工。

22. B、C。本题考核的是水工建筑物耐久性的概念。本题是对概念的考核，建筑物耐久性是指在设计确定的环境作用和规定的维修、使用条件下，建筑物在合理使用年限内保持其适用性和安全性的能力。

23. A、C。本题考核的是经纬仪测角的方法。测角的方法有回测法、全圆测回法。选项 E 属于地质编录的测图方法。

24. C、D、E。本题考核的是混凝土结构用钢材。选项 A 错误，HPB 代表热轧光圆钢筋，HRB 代表热轧带肋钢筋。选项 B 错误，HRB335 中的数字表示热轧钢筋的屈服强度。选项 C 正确，HRB500 带肋钢筋强度高，但塑性与焊接性较差，适宜用做预应力钢筋。选项 D 正确，HRB500 适宜用做预应力钢筋；Ⅰ型冷轧扭钢筋的截面形状为矩形，Ⅱ型截面形状为菱形。选项 E 正确，C、R、B 分别为冷轧、带肋、钢筋的英文首字母。

25. A、C、D。本题考核的是土坝坝面作业。坝面作业包括铺土、平土、洒水或晾晒（控制含水量）、土料压实、修整边坡、铺筑反滤层、排水体及护坡、质量检查等工序。主要工序有：铺料与整平、碾压、接头处理。

26. A、B、C、E。本题考核的是项目施工准备开工的条件。根据水利部《关于调整水利工程建设项目施工准备开工条件的通知》（水建管［2017］177 号），水利工程满足如下条件施工准备方可进行：环境影响评价文件等已经批准；年度投资计划已下达或建设资金已落实；项目可行性研究报告已经批准；项目法人即可开展施工准备，开工建设。

27. C、D。本题考核的是施工组织设计部分的经济性要求。根据《水利水电工程设计质量评定标准》T/CWHIDA 0001—2017，选项 C、D 均属于经济性要求，选项 A 属于可靠性要求；选项 B 属于功能性要求；选项 E 属于安全性要求。

28. A、C、D。本题考核的是水资源规划分类。2012 年、2016 年考查了相同考点。水资源规划按层次分为：全国战略规划、流域规划和区域规划。

29. B、C、D、E。本题考核的是开发建设项目水土流失防治指标。开发建设项目水土流失防治指标应包括扰动土地整治率、水土流失总治理度、土壤流失控制比、拦渣率、林草植被恢复率、林草覆盖率等六项。

30. B、C、D、E。本题考核的是工程变更的类型。工程变更分为重大工程变更、较大工程变更、一般工程变更、常规设计变更。

三、实务操作和案例分析题

（一）

1. 图中 2A、3A、3B、3C 所代表的坝体材料分区名称为：

2A—垫层区；3A—过渡区；3B—主堆石区；3C—下游堆石区。

2. 除背景资料所述内容外，事件 1 中的碾压参数还应包括：振动碾的重量、碾压遍数、铺料厚度。

3. 事件 2 混凝土施工配合比表中的水胶比 A 值和砂率 B 值的计算：

水胶比：$A=122/(249+56)=0.40$；

砂率：$B=760/(760+620+620)=38.00\%$。

4. 事件 3 中趾板分部工程质量评定结论的判定及理由如下：

该分部工程评定为优良不正确。

理由：该分部工程优良率=28/48=58.33%，不满足优良率大于 70%的要求。

该分部工程应评定为合格。

5. 该水库工程等别、工程规模、面板堆石坝建筑物级别、洪水标准的判定如下：

（1）该水库工程等别为Ⅲ等。

（2）该水库工程规模为中型。

（3）面板堆石坝建筑物级别为 3 级。

（4）土石围堰的洪水标准（重现期）为 10~5 年；

（5）面板堆石坝施工期临时度汛洪水标准（重现期）为 100~50 年。

（二）

1. 事件 1 中招标人的处理方式：

招标人应当自收到异议之日起 3 日内作出答复；作出答复前，应当暂停招标投标活动。

2. 事件 2 中针对 B 投标人提出修改其投标文件是否妥当的判定及投标的处理规定如下：

投标人 B 要求局部修改其投标文件不妥。

理由：投标人同意延长的，不得要求修改或撤销其投标文件。

如投标人拒绝延长，招标人可认定其投标无效，并退还其投标保证金。

3. 事件 3 中，招标人对 C 投标人撤回投标文件的处理：

（1）同意 C 投标人撤回投标文件。

（2）收取的投标保证金应在规定时间内退还。

4. 事件 4 中不妥之处、理由及项目管理机构的设立。

不妥之处：口头通知发包人。

理由：应在合同签订后 7 个工作日内，报发包人备案。

项目管理机构中，还有技术负责人、财务负责人、安全管理人员必须是本单位人员。

5. 事件 5 中不妥之处及改正如下：

（1）不妥之处：监理工程师向分包人 E 下达书面整改通知。

改正：应向总承包人 D 下达整改通知。

（2）不妥之处：分包人 E 整改后向监理机构提交回复单。

改正：应由总承包人 D 向监理机构提交回复单。

（三）

1. 除施工技术方案报审表外，需由项目负责人（注册建造师）签署的质量管理类签章文件还应包括：联合测量通知单、施工质量缺陷处理措施报审表、质量缺陷备案表、单位工程施工质量评定表。

2. 根据《水利水电工程施工安全管理导则》SL 721—2015，本题中需编制专项施工方案的单项工程包括：基坑（土方）开挖工程、涵洞拆除工程、围堰工程、临时用电工程。

需要组织专家进行审查论证的是基坑（土方）开挖工程。

理由：基坑上方开挖最大深度超过 5m，属于超过一定规模的危险性较大的单项工程。

3. 专项施工方案中还应包括：编制依据、施工计划、施工工艺技术、施工安全保证措施、劳动力计划、设计计算书及相关图纸等。

根据专家审查论证报告修改完善后的专项施工方案，在实施前应经施工单位技术负责人、总监理工程师、项目法人单位负责人审核签字后，方可实施。

（四）

1. 事件 1 中发包人提供的施工场地范围图应标明场地范围内永久占地和临时占地的范围和界限。

施工场地有关资料包括：施工场地内的工程地质图纸和报告，以及地下障碍物图纸。

2. 事件 2 中，项目经理离开现场前履行的手续：事先征得监理人同意，委派（授权）代表代行其职责。

施工项目部报送的单元工程质量报验单还应有项目经理或其授权人代表签字。

3. 对事件 3 中逾期完工违约金的计算如下：

（1）合同完工日期为 2017 年 10 月 31 日，实际完工日期为 2017 年 11 月 8 日，逾期完工 8d。

（2）逾期完工违约金额：860×3.5‰×8＝24.08 万元。

4. 质量保证金退还时间、金额分别为：

2017 年 11 月 20 日后 14d 内（或 2017 年 11 月 21 日~2017 年 12 月 4 日），退还 12.9 万元；

2018 年 11 月 7 日后 30 个工作日内，退还 12.9−6＝6.9 万元。

2018年度全国二级建造师执业资格考试

《水利水电工程管理与实务》

真题及解析

2018年度《水利水电工程管理与实务》真题

一、单项选择题（共20题，每题1分。每题的备选项中，只有1个最符合题意）

1. 根据《水利水电工程等级划分及洪水标准》SL 252—2017，某水库设计灌溉面积为98万亩，则此水库的工程等别至少应为（　　）等。

A. Ⅱ　　B. Ⅲ　　C. Ⅳ　　D. Ⅴ

2. 下列工程施工放样产生的误差中，属于仪器误差的是（　　）。

A. 照准误差　　B. 整平误差

C. 对光误差　　D. 估读误差

3. 当土石坝出现大面积管涌险情时，宜采用的抢护方法是（　　）。

A. 盖堵法　　B. 戗堤法

C. 反滤围井　　D. 反滤层压盖

4. 水利水电工程施工中，依开挖方法和开挖难易程度等，将土分为（　　）类。

A. 3　　B. 4　　C. 5　　D. 6

5. 拌合物坍落度为80mm的混凝土属于（　　）混凝土。

A. 低塑性　　B. 塑性　　C. 流动性　　D. 大流动性

6. 水工混凝土配料中，砂的称量允许偏差为（　　）。

A. ±1.0%　　B. ±1.5%　　C. ±2.0%　　D. ±2.5%

7. 下列关于混凝土表层加固的方法中，适用于水下加固的是（　　）修补法。

A. 预缩砂浆　　B. 喷浆

C. 喷混凝土　　D. 压浆混凝土

8. 根据启闭机结构形式分类，型号"QP—□×□—□/□"表示的是（　　）启闭机。

A. 卷扬式　　B. 螺杆式　　C. 液压式　　D. 移动式

9. 下列化学灌浆施工工序中，正确的是（　　）。

A. 钻孔、裂缝处理、压水试验、埋设注浆嘴和回浆嘴、封闭、注水、灌浆

B. 钻孔、裂缝处理、埋设注浆嘴和回浆嘴、压水试验、封闭、灌浆、注水

C. 钻孔、压水试验、裂缝处理、埋设注浆嘴和回浆嘴、封闭、注水、灌浆

D. 钻孔、压水试验、裂缝处理、埋设注浆嘴和回浆嘴、注水、灌浆、封闭

10. 下列关于电力起爆法的说法中，正确的是（　　）。

A. 用于同一起爆网路内的电雷管的电阻值最多只能有两种

B. 网路中的支线、区域线连接前各自的两端不允许短路

C. 雷雨天严禁采用电爆网路

D. 通电后若发生拒爆，应立即进行检查

11. 根据《关于印发水利建设市场主体信用评价管理暂行办法的通知》（水建管［2015］377号），水利建设市场主体信用等级中，B级表示信用（　　）。

A. 好　　B. 较好　　C. 一般　　D. 差

12. 根据《关于简化建筑企业资质标准部分指标的通知》（建市［2016］226号）等有关规定，下列关于水利水电工程施工企业资质标准中对建造师数量要求的说法中，正确的是（　　）。

A. 特级企业注册一级建造师60人以上

B. 一级企业水利水电工程专业注册建造师30人以上

C. 二级企业水利水电工程专业注册建造师15人以上

D. 三级企业水利水电工程专业注册建造师不少于8人

13. 根据《住房城乡建设部财政部关于印发建设工程质量保证金管理办法的通知》（建质［2017］138号），保证金总额预留比例不得高于工程价款结算总额的（　　）。

A. 2.5%　　B. 3%　　C. 5%　　D. 8%

14. 根据《关于水利工程建设项目代建制管理的指导意见》（水建管［2015］91号），下列资质中，不符合代建单位资质条件的是（　　）。

A. 监理　　B. 设计　　C. 咨询　　D. 施工总承包

15. 根据《水电工程验收管理办法》（国能新能［2015］426号），工程蓄水验收的申请，应由项目法人在计划下闸蓄水前（　　），向工程所在地省级人民政府能源主管部门报送。

A. 1个月　　B. 3个月　　C. 6个月　　D. 12个月

16. 根据《水土保持法》，位于省级水土流失重点治理区的建设项目，其水土流失防治标准应为（　　）。

A. 一级　　B. 二级　　C. 三级　　D. 四级

17. 根据《水利水电工程施工组织设计规范》SL 303—2017，采用简化毕肖普法计算时，4级均质土围堰边坡稳定安全系数，应不低于（　　）。

A. 1.05　　B. 1.15　　C. 1.20　　D. 1.30

18. 根据注册建造师执业工程规模标准，4级堤防的堤身护坡工程，其注册建造师执业工程规模标准为（　　）。

A. 大型　　B. 中型　　C. 小（1）型　　D. 小（2）型

19. 下列拌合料预冷方式中，不宜采用的是（　　）。

A. 冷水拌合　　B. 加冰搅拌

C. 预冷骨料　　D. 预冷水泥

20. 根据《水利工程施工监理规范》SL 288—2014，监理机构开展平行检测时，土方试样不应少于承包人检测数量的（　　）。

A. 3%　　B. 5%　　C. 7%　　D. 10%

二、多项选择题（共10题，每题2分。每题的备选项中，有2个或2个以上符合题意，至少有1个错项。错选，本题不得分；少选，所选的每个选项得0.5分）

21. 下列关于土石坝坝体排水设施的说法，正确的有（　　）。

A. 贴坡排水顶部应高于坝体浸润线的逸出点

B. 贴坡排水可降低浸润线

C. 棱体排水不能降低浸润线

D. 棱体排水可保护下游坝脚

E. 坝体排水构造中反滤层材料粒径沿渗流方向应从小到大排列

22. 水利水电工程中常见的边坡变形破坏类型主要有（　　）等。

A. 接触冲刷　　B. 接触流土　　C. 崩塌　　D. 松弛张裂

E. 蠕动变形

23. 下列地基处理方法中，适用于水利水电工程软土地基处理的方法有（　　）等。

A. 置换法　　B. 排水法　　C. 强夯法　　D. 挤实法

E. 预浸法

24. 下列防渗方法中，适用于土石坝上游截渗处理的方法有（　　）。

A. 截水槽法　　B. 黏土斜墙法

C. 导渗沟法　　D. 贴坡排水法

E. 防渗墙法

25. 反击式水轮机按转轮区内水流相对于主轴流动方向的不同可分为（　　）等类型。

A. 双击式　　B. 混流式　　C. 轴流式　　D. 斜击式

E. 贯流式

26. 根据《水利工程建设项目管理规定》（水建［1995］128号），水利工程可行性研究报告重点解决项目的（　　）等有关问题。

A. 建设必要性　　B. 技术可行性　　C. 经济合理性　　D. 环境影响可控性

E. 社会影响可控性

27. 根据《水利工程设计变更管理暂行办法》（水规计［2012］93号），下列施工组织设计变更中，属于重大设计变更的是（　　）的变化。

A. 主要料场场地　　B. 枢纽工程施工导流方式

C. 导流建筑物方案　　D. 主要建筑物工程总进度

E. 地下洞室支护形式

28. 根据《水利工程施工转包违法分包等违法行为认定查处管理暂行办法》（水建管［2016］420号），下列情形中，属于违法分包的有（　　）。

A. 承包人将工程分包给不具备相应资质的单位

B. 承包人将工程分包给不具备相应资质的个人

C. 承包人将工程分包给不具备安全生产许可的单位

D. 承包人将工程分包给不具备安全生产许可的个人

E. 承包人未设立现场管理机构

29. 根据《水利建设质量工程考核办法》（水建管［2014］351号），建设项目质量监督管理工作主要考核内容包括（　　）。

A. 质量监督计划制定　　B. 参建单位质量行为

C. 工程质量监督检查　　D. 质量事故责任追究

E. 工程质量核备、核定

30. 根据《水利建设工程文明工地创建管理办法》（水精［2014］3号），获得“文明工地”可作为（　　）等工作的参考依据。

A. 建设市场主体信用评价　　B. 大禹奖评审

C. 安全生产标准化评审　　D. 工程质量评定

E. 工程质量监督

三、案例分析题（共4题，每题20分）

（一）

背景资料：

施工单位承担某水闸工程施工。施工项目部编制了施工组织设计文件，并报总监理工程师审核确认。其中，施工进度计划如图1所示。施工围堰作为总价承包项目，其设计和施工均由施工单位负责。

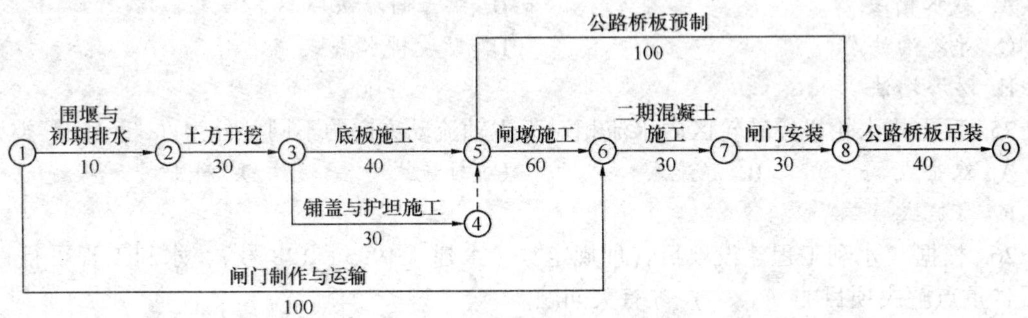

图1　施工进度计划图（单位：d）

施工过程中发生如下事件：

事件1：为便于进度管理，技术人员对上述计划中各项工作的时间参数进行了计算，其中闸门制作与运输的时间参数为$\frac{0}{a}\left|\frac{100}{140}\right|\frac{40}{b}$（按照$\frac{ES}{LS}\left|\frac{EF}{LF}\right|\frac{TF}{FF}$方式标注）。

事件2：基坑初期排水过程中，发生围堰边坡坍塌事故，施工单位通过调整排水流量，避免事故再次发生。处理坍塌边坡增加费用1万元，增加工作时间10d，施工单位以围堰施工方案经总监批准为由向发包方提出补偿10d工期和1万元费用的要求。

事件3：因闸门设计变更，导致闸门制作与运输工作拖延30d完成。施工单位以设计变更是发包人责任为由提出补偿工期30d的要求。

问题：

1. 指出图1进度计划的工期和关键线路（用节点编号表示）。
2. 指出事件1中，a、b所代表时间参数的名称和数值。
3. 指出事件2中初期排水量的组成。发生围堰边坡坍塌事故的主要原因是什么？
4. 分别指出事件2、事件3中，施工单位的索赔要求是否合理？简要说明理由。综合事件2、事件3，指出本工程的实际工期。

（二）

背景资料：

某大（2）型水库枢纽工程，总库容为 $5.84\times10^8m^3$，水库枢纽主要由主坝、副坝、溢洪道、电站及输水洞组成。输水洞位于主坝右岸山体内，长 275.0m，洞径 4.0m，设计输水流量为 $34.5m^3/s$。该枢纽工程在施工过程中发生如下事件：

事件 1：主坝帷幕由三排灌浆孔组成，分别为上游排孔、中间排孔、下游排孔，各排孔均按二序进行灌浆施工；主坝帷幕后布置排水孔和扬压力观测孔。施工单位计划安排排水孔和扬压力观测孔与帷幕灌浆同期施工。

事件 2：输水洞布置在主坝防渗范围之内，洞内采用现浇混凝土衬砌，衬砌厚度为 0.5m。根据设计方案，输水洞采取了帷幕灌浆、固结灌浆和回填灌浆的综合措施。

事件 3：输水洞开挖采用爆破法施工，施工分甲、乙两组从输水洞两端相向进行。当两个开挖工作面相距 25m，乙组爆破时，甲组在进行出渣作业；当两个开挖工作面相距 10m，甲组爆破时，导致乙组正在作业的 3 名工人死亡。事故发生后，现场有关人员立即向本单位负责人进行了电话报告。

问题：

1. 帷幕灌浆施工的原则是什么？指出事件 1 主坝三排帷幕灌浆孔施工的先后顺序。

2. 指出事件 1 中施工安排的不妥之处，并说明正确做法。

3. 指出事件 2 中帷幕灌浆、固结灌浆和回填灌浆施工的先后顺序。回填灌浆应在衬砌混凝土强度达到设计强度的多少后进行？

4. 指出事件 3 中施工方法的不妥之处，并说明正确做法。

5. 根据《水利安全生产信息报告和处置规则》（水安监［2016］220 号），事件 3 中施工单位负责人在接到事故电话报告后，应在多长时间内向哪些单位（部门）进行电话报告？

（三）

背景资料：

某堤防工程合同结算价2000万元，工期1年，招标人依据《水利水电工程标准施工招标文件》（2009年版）编制招标文件，部分内容摘录如下：

（1）投标人近5年至少应具有2项合同价1800万元以上的类似工程业绩。

（2）临时工程为总价承包项目，总价承包项目应进行子目分解，临时房屋建筑工程中，投标人除考虑自身的生产、生活用房外，还需要考虑发包人、监理人、设计单位办公和生活用房。

（3）劳务作业分包应遵守如下条款：①主要建筑物的主体结构施工不允许有劳务作业分包；②劳务作业分包单位必须持有安全生产许可证；③劳务人员必须实行实名制；④劳务作业单位必须设立劳务人员支付专用账户，可委托施工总承包单位直接支付劳务人员工资；⑤经发包人同意，总承包单位可以将包含劳务、材料、机械的简单土方工程委托劳务作业单位施工；⑥经总承包单位同意，劳务作业单位可以将劳务作业再分包。

（4）合同双方义务条款中，部分内容包括：①组织单元工程质量评定；②组织设计交底；③提出变更建议书；④负责提供施工供电变压器高压端以上供电线路；⑤提交支付保函；⑥测设施工控制网；⑦保持项目经理稳定性。

某投标人按要求填报了"近5年完成的类似工程业绩情况表"，提交了相应的业绩证明材料。总价承包项目中临时房屋建筑工程子目分解见表1。

总价承包项目分解表　子目：临时房屋建筑工程　　表1

序号	工程项目或费用名称	单位	数量	单价（元/m^2）	合价（元）	D
	临时房屋建筑工程				164000	
1	A	m^2	100	80	8000	第一个月支付
2	B	m^2	800	150	120000	按第一个月70%，第二个月30%支付
3	C	m^2	120	300	36000	第一个月支付

问题：

1. 背景资料中提到的类似工程业绩，其业绩类似性包括哪几个方面？类似工程的业绩证明资料有哪些？

2. 临时房屋建筑工程子目分解表中，填报的工程数量起何作用？指出A、B、C、D所代表的内容。

3. 指出劳务作业分包条款中不妥的条款。

4. 合同双方义务条款中，属于承包人的义务有哪些？

（四）

背景资料：

某水利枢纽工程包括节制闸和船闸工程，工程所在地区每年5~9月份为汛期。项目于2014年9月开工，计划2017年1月底完工。项目划分为节制闸和船闸两个单位工程。根据设计要求，节制闸闸墩、船闸侧墙和底板采用C25、F100、W4混凝土。

本枢纽工程施工过程中发生如下事件：

事件1：根据合同要求，进场钢筋应具有出厂质量证明书或试验报告单，每捆钢筋均应挂上标牌，标牌上应标明厂标等内容。

事件2：船闸单位工程共有20个分部工程，分部工程质量全部合格，其中优良分部工程16个；主要分部工程10个，工程质量全部优良。施工过程中未发生质量事故。外观质量得分率为86.5%，质量检验评定资料齐全，工程观测分析结果符合国家和行业标准以及合同约定的标准。

事件3：项目如期完工，计划于2017年汛前进行竣工验收。施工单位在竣工图编制中，对由预制改成现浇的交通桥工程，直接在原施工图上注明变更的依据，加盖并签署竣工图章后作为竣工图。

问题：

1. 背景资料中C25、F100、W4分别表示混凝土的哪些指标？其中数值25、100、4的含义分别是什么？

2. 除厂标外，指出事件1中钢筋标牌上应标注的其他内容。

3. 依据《水利水电工程施工质量检验与评定规程》SL 176—2007，单位工程施工质量优良标准中，对分部工程质量、主要分部工程质量及外观质量方面的要求分别是什么？根据事件2提供的资料，说明船闸单位工程的质量等级。

4. 依据《水利水电建设工程验收规程》SL 223—2008和《水利工程建设项目档案管理规定》（水办［2005］480号）的规定，指出并改正事件3中的不妥之处。

2018 年度真题参考答案及解析

一、单项选择题

1. A；　2. C；　3. D；　4. B；　5. B；
6. C；　7. D；　8. A；　9. C；　10. C；
11. C；　12. D；　13. B；　14. A；　15. C；
16. B；　17. B；　18. B；　19. D；　20. B。

【解析】

1. A。本题考核的是水利水电工程等级划分。根据《水利水电工程等级划分及洪水标准》SL 252—2017，Ⅱ等：50×10^4 亩≤灌溉面积<150×10^4 亩。

2. C。本题考核的是仪器误差。仪器误差包括仪器校正不完善的误差、对光误差、水准尺误差等。

3. D。本题考核的是管涌的抢护方法。管涌的抢护方法包括反滤围井、反滤层压盖、漫溢。在堰内出现大面积管涌或管涌群时，如果料源充足，可采用反滤层压盖的方法。

4. B。本题考核的是土的工程分类。水利水电工程施工中常用土的工程分类，依开挖方法、开挖难易程度等，将土分为 4 类。

5. B。本题考核的是混凝土的质量要求。按坍落度大小，将混凝土拌合物分为：低塑性混凝土（坍落度为 10~40mm）、塑性混凝土（坍落度为 50~90mm）、流动性混凝土（坍落度为 100~150mm）、大流动性混凝土（坍落度≥160mm）。

6. C。本题考核的是混凝土材料称量的允许偏差。混凝土材料称量的允许偏差见表 2。

混凝土材料称量的允许偏差　　**表 2**

材料名称	称量的允许偏差（%）
水泥、掺合料、水、冰、外加剂溶液	±1
骨料	±2

7. D。本题考核的是混凝土表层损坏的加固方法。混凝土表层加固，常用方法有：水泥砂浆修补法、预缩砂浆修补法、喷浆修补法、喷混凝土修补法、钢纤维喷射混凝土修补法、压浆混凝土修补法、环氧材料修补法。压浆混凝土与普通混凝土相比，具有收缩率小，拌合工作量小，可用于水下加固等优点。

8. A。本题考核的是卷扬式启闭机型号的表示方法。卷扬式启闭机型号的表示方法如图 2 所示。

9. C。本题考核的是化学灌浆施工工序。化学灌浆的工序依次是：钻孔及压水试验，钻孔及裂缝的处理（包括排渣及裂缝干燥处理），埋设注浆嘴和回浆嘴以及封闭、注水和灌浆。

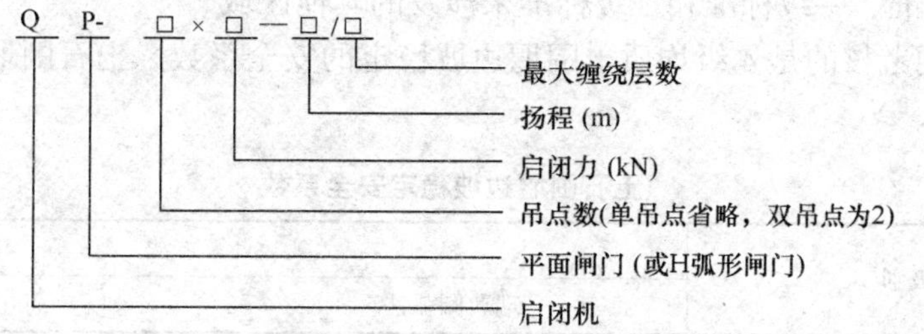

图 2 卷扬式启闭机型号的表示方法

10. C。本题考核的是电力起爆。选项 A 错误，用于同一爆破网路内的电雷管，电阻值应相同。选项 B 错误，网路中的支线、区域线和母线彼此连接之前各自的两端应短路、绝缘。选项 D 错误，通电后若发生拒爆，应立即切断母线电源，将母线两端拧在一起，锁上电源开关箱进行检查。进行检查的时间：对于即发电雷管，至少在 10min 以后；对于延发电雷管，至少在 15min 以后。

11. C。本题考核的是施工投标条件。根据《水利部关于印发水利建设市场主体信用评价管理暂行办法的通知》（水建管［2019］307 号），信用等级分为 AAA（信用很好）、AA（信用好）、A（信用较好）、B（信用一般）和 C（信用较差）三等五级。注意现行规定的不同。

12. D。本题考核的是施工招标投标管理要求。水利水电工程施工总承包企业资质等级分为特级、一级、二级、三级，资质标准中关于建造师数量的要求是：

（1）特级企业注册一级建造师 50 人以上。

（2）三级企业水利水电工程专业注册建造师不少于 8 人。

（3）其他等级企业没有数量要求。

13. B。本题考核的是保证金总额预留比例。根据《住房城乡建设部财政部关于印发建设工程质量保证金管理办法的通知》（建质［2017］138 号）规定，发包人应按照合同约定方式预留保留金，保证金总预留比例不得高于工程价款结算总额的 3%。合同约定由承包人以银行保函替代预留保证金的，保函金额不得高于工程价款结算总额的 3%。

14. A。本题考核的是代建单位具备的条件。代建单位应具备以下条件：

（1）具有独立的事业或企业法人资格。

（2）具有满足代建项目规模等级要求的水利工程勘测设计、咨询、施工总承包一项或多项资质以及相应的业绩；或者是由政府专门设立（或授权）的水利工程建设管理机构并具有同等规模等级项目的建设管理业绩；或者是承担过大型水利工程项目法人职责的单位。

（3）具有与代建管理相适应的组织机构、管理能力、专业技术与管理人员。

15. C。本题考核的是水力发电工程验收的要求。根据《水电工程验收管理办法》（国能新能［2015］426 号），项目法人应根据工程进度安排，在计划下闸蓄水前 6 个月，经工程所在地省级发展改革委、能源局初审并提出意见，向国家能源局报送工程蓄水验收申请。

16. B。本题考核的是水土流失防治标准。按开发建设项目所处水土流失防治区确定水土流失防治标准执行等级时应符合下列规定：

（1）一级标准。依法划定的国家级水土流失重点预防保护区、重点监督区和重点治理区及省级重点预防保护区。

（2）二级标准。依法划定的省级水土流失重点治理区和重点监督区。

（3）三级标准。一级标准和二级标准未涉及的其他区域。

17. B。本题考核的是4级均质土围堰边坡稳定的安全系数。土石围堰边坡稳定安全系数见表3。

土石围堰边坡稳定安全系数 **表3**

围堰级别	计算方法	
	瑞典圆弧法	简化毕肖普法
3级	≥1.20	≥1.30
4级、5级	≥1.05	≥1.15

18. B。本题考核的是注册建造师执业工程规模标准。4级堤防的堤身护坡工程，其注册建造师执业工程规模标准见表4。

注册建造师执业工程规模标准 **表4**

工程类别	项目名称	单位	规模		
			大型	中型	小型
		[重现期（年）]	≥50	50~20	<20
堤防工程	堤基处理及防渗工程	级	1、2	3、4	5
	堤身填筑（含戗台、压渗平台）及护坡工程	级	1、2	3、4	5
	交叉、连接建筑物工程（含金属结构与机电设备安装）	级	1、2	3、4	5
	填塘固基工程	级		1、2、3	4、5
	堤顶道路（含坡道）工程	级		1、2、3	4、5
	堤岸防护工程	级		1、2、3	4、5

19. D。本题考核的是混凝土制冷系统。选择混凝土预冷材料时，主要考虑用冷水拌合、加冰搅拌、预冷骨料等，一般不把胶凝材料（水泥、粉煤灰等）选作预冷材料。

20. B。本题考核的是工程质量控制。监理机构采用平行检测的检测数量，混凝土试样不应少于承包人检测数量的3%；重要部位每种强度等级的混凝土最少取样1组；土方试样不应少于承包人检测数量的5%；重要部位至少取样3组。

二、多项选择题

21. A、D、E；　22. C、D、E；　23. A、B、D；

24. A、B、E；　25. B、C、E；　26. B、C、D、E；

27. A、B、C、D；　28. A、B、C、D；　29. A、B、C、E；

30. A、B、C。

【解析】

21. A、D、E。本题考核的是土石坝坝体排水。选项B错误，贴坡排水构造简单、节省材料、便于维修，但不能降低浸润线，且易因冰冻而失效；选项C错误，棱体排水可降低浸润线，防止坝坡冻胀和渗透变形，保护下游坝脚不受尾水淘刷。

22. C、D、E。本题考核的是边坡变形破坏类型。边坡变形破坏主要有松弛张裂、蠕动变形、崩塌、滑坡四种类型。

23. A、B、D。本题考核的是软土地基处理的方法。软土地基处理的适用方法有开挖、桩基础、置换法、排水法、挤实法、高压喷射灌浆等。选项C、E属于湿陷性黄土地基处理方法。

24. A、B、E。本题考核的是土石坝上游截渗处理的方法。土石坝防渗处理的基本原则是“上截下排”。上游截渗法包括黏土斜墙法、抛土和放淤法、灌浆法、防渗墙法、截水墙（槽）法。选项C、D属于下游排水导渗法。此知识点已删除。

25. B、C、E。本题考核的是水轮机类型。反击式水轮机按转轮区内水流相对于主轴流动方向的不同分为混流式、轴流式、斜流式和贯流式。选项A、D属于冲击式水轮机。

26. B、C、D、E。本题考核的是可行性研究报告阶段解决的重点问题。可行性研究报告应对项目进行方案比较，对技术上是否可行和经济上是否合理和环境以及社会影响是否可控进行充分的科学分析和论证。解决项目建设技术、经济、环境、社会可行性问题。

27. A、B、C、D。本题考核的是重大设计变更事项。以下设计内容发生变化而引起的工程设计变更为重大设计变更：(1) 工程规模、建筑物等级及设计标准。(2) 总体布局、工程布置及主要建筑物。(3) 机电及金属结构。(4) 施工组织设计：①主要料场场地的变化；②水利枢纽工程的施工导流方式、导流建筑物方案的变化；③主要建筑物施工方案和工程总进度的变化。对工程质量、安全、工期、投资、效益影响较小的局部工程设计方案、建筑物结构形式、设备形式、工程内容和工程量等方面的变化为一般设计变更。水利枢纽工程中次要建筑物基础处理方案变化、布置及结构形式变化、施工方案变化，附属建设内容变化，一般机电设备及金属结构设计变化；堤防和河道治理工程的局部线路、灌区和引调水工程中非骨干工程的局部线路调整或者局部基础处理方案变化，次要建筑物布置及结构形式变化，施工组织设计变化，中小型泵站、水闸机电及金属结构设计变化等，可视为一般设计变更。

28. A、B、C、D。本题考核的是违法分包的情形。具有下列情形之一的，认定为违法分包：(1) 承包人将工程分包给不具备相应资质或安全生产许可的单位或个人施工的。(2) 施工合同中没有约定，又未经项目法人书面同意，承包人将其承包的部分工程分包给其他单位施工的。(3) 承包人将主要建筑物的主体结构工程分包的。(4) 工程分包单位将其承包的工程中非劳务作业部分再分包的。(5) 劳务作业分包单位将其承包的劳务作业再分包的。(6) 劳务作业分包单位除计取劳务作业费用外，还计取主要建筑材料款和大中型机械设备费用的。(7) 承包人未与分包人签订分包合同，或分包合同未遵循承包合同的各项原则，不满足承包合同中相应要求的。(8) 法律法规规定的其他违法分包行为。

29. A、B、C、E。本题考核的是水力发电工程质量管理的要求。根据水利部《水利建设质量工作考核办法》(水建管［2014］315号)，涉及建设项目质量监督管理工作主要考核以下内容：(1) 质量监督计划制定；(2) 参建单位质量行为和工程质量监督检查；(3) 工程质量核备、核定等。此知识点已变更。

30. A、B、C。本题考核的是文明工地创建与管理。获得文明工地的可作为水利建设市场主体信用、中国水利工程优质（大禹）奖和水利安全生产标准化评审的重要参考。

三、案例分析题

（一）

1. 施工进度计划图中计划工期=10+30+40+60+30+30+40=240d。

关键线路是：①→②→③→⑤→⑥→⑦→⑧→⑨。

2. *a* 参数为最迟开始时间，数值为 40；*b* 参数为自由时差，数值为 40。

3. 事件 2 中，初期排水排水量的组成包括：基坑积水，初期排水过程中的降雨，渗水。

发生围堰边坡坍塌事故的主要原因是：水位降低速度过快（或初期排水速率过大）。

4. 事件 2 的工期与费用索赔不合理。

理由：围堰边坡坍塌事故属于承包人的责任，总监审核施工方案不能解除承包人的责任。

事件 3 的工期索赔不合理。

原因：虽然设计变更为发包人责任，但由于闸门制作与运输的总时差为 40d，变更延误的天数小于该工作的总时差，不影响总工期。

实际工期=20+30+40+60+30+30+40=250d。

（二）

1. 帷幕灌浆必须按分序加密的原则进行。

事件 1 中由三排孔组成的帷幕，应先灌注下游排孔，再灌注上游排孔，然后进行中间排孔的灌浆。

2. 事件 1 中施工安排的不妥之处及正确的做法如下：

不妥之处：施工单位计划安排排水孔和扬压力观测孔与帷幕灌浆同期施工。

正确做法：帷幕后的排水孔和扬压力观测孔必须在相应部位的帷幕灌浆完成并检查合格后，方可钻进。

3. 事件 2 中宜按照先回填灌浆、后固结灌浆、再接缝灌浆的顺序进行。

回填灌浆应在衬砌混凝土达 70%设计强度后进行。

4. 事件 3 中施工方法的不妥之处及正确的做法如下：

不妥之处一：施工分甲、乙两组从输水洞两端相向进行当两个开挖工作面相距 25m，乙组爆破时，甲组在进行出渣作业。

正确做法：地下相向开挖的两端在相距 30m 以内或 5 倍洞径距离爆破时，装炮前应通知另一端暂停工作，退到安全地点。

不妥之处二：当两个开挖工作面相距 10m，甲组爆破时，导致乙组正在作业的 3 名工人死亡。

正确做法：当相向开挖的两端相距 15m 时，一端应停止掘进，单头贯通。

5. 施工单位负责人在接到事故电话报告后，在 1h 内向主管单位和事故发生地县级以上水行政主管部门电话报告。

（三）

1.（1）业绩的类似性包括功能、结构、规模、造价等方面。

（2）业绩证明资料有：中标通知书和（或）合同协议书、工程接收证书（工程竣工验收证书)、合同工程完工证书的复印件。

2.（1）临时工程为总价承包项目，工程子目分解表中，填报的工程数量是承包人用于结算的最终工程量。

（2）表1中A、B、C、D所代表的内容如下：

A代表施工库房；

B代表施工单位的办公、生活用房；

C代表发包人、监理人、设计单位的办公和生活用房；

D代表备注（支付时间）。

3. 劳务作业分包条款中不妥之处如下：

不妥之处一：①主要建筑物的主体结构施工不允许有劳务作业分包。

不妥之处二：②劳务作业分包单位必须持有安全生产许可证。

不妥之处三：⑤经发包人同意，总承包单位可以将包含劳务、材料、机械的简单土方工程委托劳务作业单位施工。

不妥之处四：⑥经总承包单位同意，劳务作业单位可以将劳务作业再分包。

4. 合同双方义务条款中，属于承包人的义务有：组织单元工程质量评定；提出变更建议书；测设施工控制网；保持项目经理稳定性。

（四）

1. C25表示混凝土强度等级的指标，25表示混凝土立方体抗压强度标准值为25MPa。

F100表示混凝土抗冻性的指标，100表示混凝土抗冻性试验能经受100次的冻融循环。

W4表示混凝土抗渗性的指标，4表示混凝土抗渗试验时一组6个试件中4个试件未出现渗水时的最大水压力分别为0.4MPa。

2. 钢筋标牌上还应标注钢号、产品批号、规格、尺寸等项目。

3. 单位工程施工质量优良标准中，所含分部工程质量全部合格，其中70%以上达到优良等级，主要分部工程质量全部优良，且施工中未发生过较大质量事故，外观质量得分率达到85%以上。

事件2中，船闸单位工程质量等级为优良。

4. 事件3中不妥之处及正确的做法如下：

不妥之处一：计划于2017年汛前进行竣工验收。

正确做法：竣工验收应在工程建设项目全部完成并满足一定运行条件后1年内进行。

不妥之处二：施工单位在竣工图编制中，对由预制改成现浇的交通桥工程，直接在原施工图上注明变更的依据，加盖并签署竣工图章后作为竣工图。

正确做法：应重新绘制交通桥竣工图，监理单位应在图标上方加盖并签署竣工图确认章。

2017年度全国二级建造师执业资格考试

《水利水电工程管理与实务》

真题及解析

2017年度《水利水电工程管理与实务》真题

一、单项选择题（共20题，每题1分。每题的备选项中，只有1个最符合题意）

1. 土坝施工放样时，在施工范围内布设直接用于坝体高程放样的临时性水准点，其最低可按（　　）精度施测。

A. 等外　　B. 四等

C. 三等　　D. 二等

2. 钢筋标注形式“n Φ d@s”中，s表示钢筋（　　）。

A. 根数　　B. 等级

C. 直径　　D. 间距

3. 下列要素中，不属于岩层产状要素的是（　　）。

A. 走向　　B. 倾向

C. 倾角　　D. 方位

4. 重力坝施工中，如图1所示坝体分缝分块形式属于（　　）。

A. 竖缝分块　　B. 错缝分块

C. 斜缝分块　　D. 通仓分块

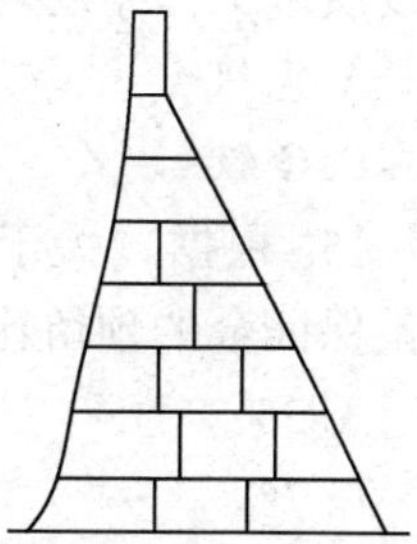

图1　坝体分缝分块形式

5. 下列材料中，属于水硬性胶凝材料的是（　　）。

A. 石灰　　B. 水玻璃

C. 水泥　　D. 沥青

6. 水工隧洞中的灌浆顺序是（　　）。

A. 固结灌浆、回填灌浆、接缝灌浆　　B. 回填灌浆、固结灌浆、接缝灌浆

C. 回填灌浆、接缝灌浆、固结灌浆　　D. 固结灌浆、接缝灌浆、回填灌浆

7. 下列模板荷载中，属于特殊荷载的是（　　）。

A. 风荷载　　B. 模板自重

C. 振捣混凝土产生的荷载　　D. 新浇混凝土的侧压力

8. 下列关于植筋锚固施工的说法中，正确的是（　　）。

A. 施工中钻出的废孔，可采用与结构混凝土同强度等级的水泥砂浆进行填实

B. 植筋可以使用光圆钢筋

C. 植入孔内部分钢筋上的锈迹、油污应打磨清除干净

D. 化学锚栓如需焊接，应在固化后方可进行

9. 型号为QL2×80-D的启闭机属于（　　）。

A. 螺杆式启闭机　　B. 液压启闭机

C. 卷扬式启闭机　　D. 移动式启闭机

10. 水利工程施工中，起重机械从220kV高压线下通过时，其最高点与高压线之间的最小垂直距离不得小于（　　）m。

A. 4　　B. 5

C. 6　　D. 7

11. 根据《水利工程工程量清单计价规范》GB 50501—2007，下列费用中，未包含在土方明挖工程单价中，需另行支付的是（　　）。

A. 植被清理费　　B. 场地平整费

C. 施工超挖费　　D. 测量放样费

12. 下列水利水电工程施工现场供电部位的负荷中，不属于一类负荷的是（　　）。

A. 基坑内排水设施　　B. 汛期防洪设施

C. 金属结构及机电安装设备　　D. 井内通风系统

13. 根据《水利工程营业税改征增值税计价依据调整办法》（办水总［2016］132号），材料价格可以采用将含税价格除以调整系数的方式调整为不含税价格，其中商品混凝土的调整系数为（　　）。

A. 1. 02　　B. 1. 03

C. 1. 04　　D. 1. 17

14. 根据《水利建设质量工作考核办法》（水建管［2014］351号），某水利厅的水利建设质量工作年度考核得分为90分，相应其考核等级为（　　）。

A. A级　　B. B级

C. C级　　D. D级

15. 根据《关于清理规范工程建设领域保证金的通知》（国办发［2016］49号），工程质量保证金的预留比例上限不得高于工程价款结算总额的（　　）。

A. 3%　　B. 5%

C. 7%　　D. 9%

16. 根据《水利工程施工安全管理导则》SL 721—2015，下述内容中，属于施工单位一级安全教育的是（　　）。

A. 现场规章制度教育　　B. 安全操作规程

C. 班组安全制度教育　　D. 安全法规、法制教育

17. 根据《大中型水电工程建设风险管理规范》GB/T 50927—2013，对于损失小、概率大的风险，施工单位宜采取的风险处置方法是（　　）。

A. 风险规避　　B. 风险缓解

C. 风险转移　　D. 风险自留

18. 根据《中华人民共和国水土保持法》，在陡坡地上开垦种植农作物，该陡坡地的坡度不得陡于（　　）度。

A. 10　　B. 15

C. 20　　D. 25

19. 根据《水利水电工程施工质量检验与评定规程》SL 176—2007，水利水电工程施工质量评定表应由（　　）填写。

A. 项目法人　　B. 质量监督机构

C. 施工单位　　D. 监理单位

20. 根据《水工建筑物滑动模板施工技术规范》DL/T 5400—2016，滑模施工的建筑物周围应划出危险警戒区，警戒线距建筑物外边线的距离应不小于（　　）m。

A. 3　　B. 5

C. 7　　D. 10

二、多项选择题（共10题，每题2分。每题的备选项中，有2个或2个以上符合题意，至少有1个错项。错选，本题不得分；少选，所选的每个选项得0.5分）

21. 根据度盘刻度和读数方式的不同，经纬仪可分为（　　）。

A. 游标经纬仪　　B. 光学经纬仪

C. 电子经纬仪　　D. 激光经纬仪

E. 微倾经纬仪

22. 水泵内的能量损失包括（　　）。

A. 渗漏损失　　B. 电力损失

C. 水力损失　　D. 容积损失

E. 机械损失

23. 岩浆岩包括（　　）。

A. 花岗岩　　B. 大理岩

C. 石英岩　　D. 辉绿岩

E. 玄武岩

24. 在非黏性土料的压实试验中，应根据（　　）的关系曲线，选择施工压实参数。

A. 碾压机具重量　　B. 铺土厚度

C. 压实遍数　　D. 干密度

E. 含水量

25. 计算土围堰的堰顶高程，应考虑的因素包括（　　）。

A. 河道宽度　　B. 施工期水位

C. 围堰结构形式　　D. 波浪爬高

E. 安全超高

26. 根据《关于鼓励和引导社会资本参与重大水利工程建设运营的实施意见》（发改农经［2015］488号），PPP项目中社会资本退出前应完成的工作包括（　　）。

A. 后评价　　B. 清产核资

C. 落实项目资产处理方案　　D. 落实建设与运行后续方案

E. 绩效评价

27. 根据《关于调整水利工程建设项目施工准备条件的通知》（水建管［2015］433号），下列条件中，不属于水利工程建设项目开展施工准备工作前提条件的是（　　）。

A. 组织完成监理招标

B. 组织完成主体工程招标

C. 建设项目可行性研究报告已批准

D. 年度水利投资计划下达

E. 项目法人已经建立

28. 根据《关于印发水利建设市场主体信用评价管理暂行办法的通知》（水建管［2015］377号），下列行为中，属于严重失信行为的是（　　）。

A. 未取得资质证书承揽工程　　B. 串标

C. 转包所承揽工程　　D. 有行贿违法记录

E. 超越本单位资质承揽工程

29. 根据《小型水电站建设工程验收规程》SL 168—2012，水电站工程通过合同工程完工验收后，在项目法人颁发合同工程完工证书前，施工单位应完成的工作包括（　　）。

A. 工程移交运行管理单位　　B. 验收遗留问题处理

C. 提交工程质量保修书　　D. 提交竣工资料

E. 施工场地清理

30. 下列水利水电工程注册建造师签章文件中，属于进度管理文件的是（　　）。

A. 暂停施工申请表　　B. 复工申请表

C. 施工月报　　D. 施工进度计划报审表

E. 变更申请表

三、案例分析题（共4题，每题20分）

（一）

背景资料：

承包人与发包人依据《水利水电工程标准施工招标文件》（2009年版）签订了某水闸项目的施工合同。合同工期为8个月，工程开工日期为2012年11月1日。承包人依据合同工期编制并经监理人批准的部分项目进度计划（每月按30d计，不考虑间歇时间）见表1。

进度计划表　　**表1**

工作代码	工作名称	紧前工作	持续时间（d）	工作起止时间
A	基坑开挖	/	40	2012年11月1日~2012年12月10日
B	闸底板混凝土施工	A	35	T_B
C	闸墩混凝土施工	B	100	2013年1月16日~2013年4月25日
D	闸门制作与运输	/	150	2012年11月16日~2013年4月15日
E	闸门安装与调试	C、D	30	T_E
F	桥面板预制	B	60	2013年3月1日~2013年4月30日
G	桥面板安装及面层铺装	E、F	35	T_G

工程施工中发生如下事件：

事件1：由于承包人部分施工设备未按计划进场，不能如期开工，监理人通知承包人提交进场延误的书面报告。开工后，承包人采取赶工措施，A工作按期完成，由此增加费用2万元。

事件2：监理人在对闸底板进行质量检查时，发现局部混凝土未达到质量标准，需返工处理。B工作于2013年1月20日完成，返工增加费用2万元。

事件3：发包人负责闸门的设计与采购，因闸门设计变更，D工作中闸门于2013年4月25日才运抵工地现场，且增加安装与调试费用8万元。

事件4：由于桥面板预制设备出现故障，F工作于2013年5月20日完成。

除上述发生的事件外，其余工作均按该进度计划实施。

问题：

1. 指出进度计划表中T_B、T_E、T_G所代表的工作起止时间。

2. 事件1中，承包人应在收到监理人通知后多少天内提交进场延误书面报告？该书面报告应包括哪些主要内容？

3. 分别指出事件2、事件3、事件4对进度计划和合同工期有何影响？指出该部分项目的实际完成日期。

4. 依据《水利水电工程标准施工招标文件》（2009年版），指出承包人可向发包人提出延长工期的天数和增加费用的金额，并说明理由。

（二）

背景资料：

某堤防加固工程划分为一个单位工程，工程建设内容包括堤防培厚、穿堤涵洞拆除重建等。堤防培厚采用在迎水侧、背水侧均加培的方式，如图 2 所示。根据设计文件，A 区的土方填筑量为 12 万 m^3，B 区的土方填筑量为 13 万 m^3。

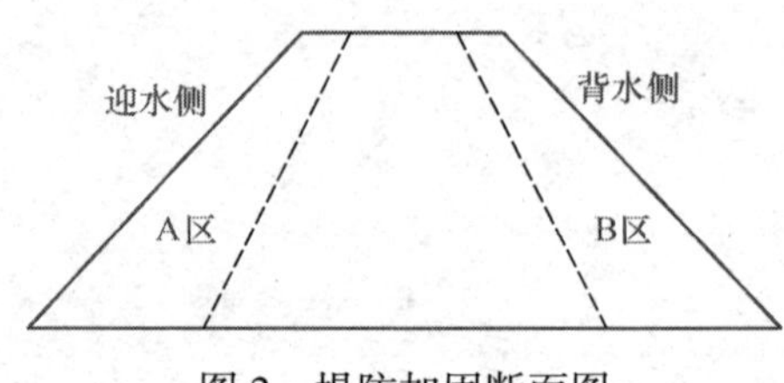

图 2　堤防加固断面图

施工过程中发生如下事件：

事件 1：建设单位提供的料场共 2 个。1 号料场位于堤防迎水侧的河道滩地，2 号料场位于河道背水侧，两料场到堤防运距大致相等。施工单位对料场进行了复核，料场土料情况见表 2。施工单位拟将 1 号料场用于 A 区，2 号料场用于 B 区，监理单位认为不妥。

料场土料情况　　**表 2**

料场名称	土料颗粒组成（%）			渗透系数（cm/s）	可利用储量（万 m^3）
	砂粒	粉粒	黏粒		
1 号料场	28	60	12	4.2×10^{-4}	22
2 号料场	15	60	25	3.4×10^{-6}	22

事件 2：穿堤涵洞拆除后，基坑开挖到新涵洞的设计建基面高程。施工单位对开挖单元工程质量进行自评合格后，报监理单位复核。监理工程师核定该单元工程施工质量等级并签证认可。质量监督部门认为上述基坑开挖单元工程施工质量评定工作的组织不妥。

事件 3：某混凝土分部工程共有 50 个单元工程，单元工程质量全部经监理单位复核认可。50 个单元工程质量全部合格，其中优良单元工程 38 个；主要单元工程以及重要隐蔽单元工程共 20 个，优良 19 个。施工过程中检验水泥共 10 批、钢筋共 20 批、砂共 15 批、石子共 15 批，质量均合格。混凝土试件：C25 共 19 组、C20 共 10 组、C10 共 5 组，质量全部合格。施工中未发生过质量事故。

事件 4：单位工程完工后，施工单位向项目法人申请进行单位工程验收，项目法人拟委托监理单位主持单位工程验收工作。监理单位提出，单位工程质量评定工作待单位工程验收后，将依据单位工程验收的结论进行评定。

问题：

1. 事件 1 中施工单位对两个土料场应如何进行安排？说明理由。

2. 说明事件 2 中基坑开挖单元工程质量评定工作的正确做法。

3. 依据《水利水电工程施工质量检验与评定规程》SL 176—2007，根据事件 3 提供的资料，评定此分部工程的质量等级，并说明理由。

4. 指出并改正事件 4 中的不妥之处。

（三）

背景资料：

五里湖大沟属淮海省凤山市，万庄站位于五里湖大沟右堤上，装机流量 16.5m^3/s，堤防级别为 4 级，配 3 台轴流泵，总装机 3×355kW = 1065kW。在工程建设过程中发生如下事件：

事件 1：招标文件设定投标最高限价为 3000 万元。招标文件中有关投标人资格条件要求如下：

（1）有企业法人地位，注册地不在凤山市的，在凤山市必须成立分公司。

（2）必须具有水利水电工程施工总承包三级及以上企业资质，近 5 年至少有 2 项类似工程业绩，类似工程指合同额不低于 2500 万元的泵站施工（下同）。

（3）具有有效的安全生产许可证，单位主要负责人必须具有有效的安全生产考核合格证。

（4）拟担任的项目经理应为二级及以上水利水电工程专业注册建造师，具有有效的安全生产考核合格证，近 5 年至少有一项类似工程业绩。

（5）拟担任的项目经理、技术负责人、质量负责人、专职安全生产管理人员、财务负责人必须是本单位人员（须提供缴纳社会保险的证明）；项目经理不得同时担任其他建设工程施工项目负责人；专职安全生产管理人员须具有有效的安全生产考核合格证。

（6）单位信誉良好，具有淮海省水利厅 BBB 级以上信用等级，且近 1 年在“信用中国”网站上不得有不良行为记录。

（7）近 3 年无行贿犯罪档案记录；财务状况良好。

某投标人以上述部分条款存在排斥潜在投标人、损害自身利益为由，在投标截止时间前第 7d 向行政监督部门提出书面异议。

事件 2：某投标文件中，基坑开挖采用 1m^3 挖掘机配 5t 自卸车运输 2km，其单价分析表部分信息见表 3。

1m^3 挖掘机配 5t 自卸车运输 2km 单价分析表　　　　**表 3**

工作内容：挖、装、运、回　　　　单位：100m^3

序号	费用名称	单位	数量	单价（元）
一	直接工程费			
（一）	基本直接费			
1	人工费	工时	10	4.26
2	材料费			
3	机械使用费			
（1）	1m^3 挖掘机	台时	1	200
（2）	59kW 推土机	台时	0.5	110
（3）	5t 自卸汽车	台时	10	100
（二）	现场经费（费率 3%）			
二	施工企业管理费（费率 5%）			
三	企业利润（费率 7%）			

续表

序号	费用名称	单位	数量	单价（元）
四	增值税（税率 3.22%）			
	工程单价			

问题：

1. 根据《水利水电工程等级划分及洪水标准》SL 252—2017，指出万庄站的工程等别、工程规模及主要建筑物和次要建筑物的级别。

2. 事件 1 中的哪些条款存在不妥？说明理由。指出投标人异议的提出存在哪些不妥？

3. 根据《水利工程设计概估算编制规定（工程部分）》（水总［2014］429 号）和《水利工程营业税改征增值税计价依据调整办法》（办水总［2016］132 号），指出事件 2 单价分析表中“费用名称”一列中有关内容的不妥之处。

4. 计算事件 2 单价分析表中的机械使用费。

（四）

背景资料：

某拦河闸工程最大过闸流量为 520m³/s，工程施工采用一次拦断河床围堰导流，围堰断面和地基情况如图 3 所示。

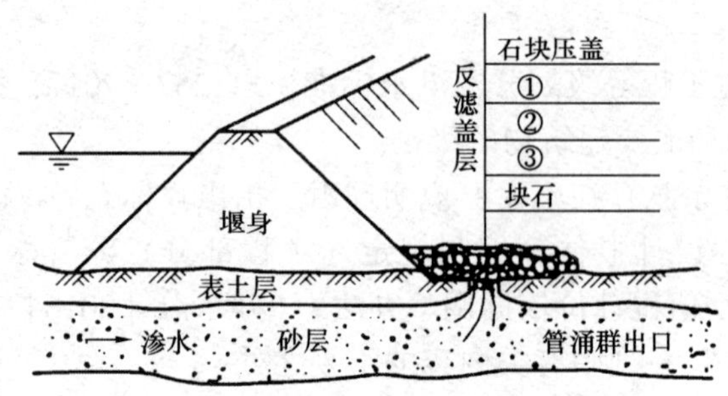

图 3　围堰断面和地基情况示意图

施工过程中发生如下事件：

事件 1：依据水利部“关于贯彻落实《国务院关于坚持科学发展安全发展促进安全生产形势持续稳定好转的意见》，进一步加强水利安全生产工作的实施意见”（水安监［2012］57 号），项目法人要求各参建单位强化安全生产主体责任，落实主要负责人安全生产第一责任人的责任，做到“一岗双责”和强化岗位、职工安全责任，确保安全生产的“四项措施”落实到位。

事件 2：上游围堰背水侧发生管涌，施工单位在管涌出口处采用反滤层压盖进行处理。反滤盖层材料包括：块石、大石子、小石子、粗砂等，如图 3 所示。但由于管涌处理不及时，围堰局部坍塌，造成直接经济损失 30 万元。事故发生后，项目法人根据水利部《关于贯彻质量发展纲要、提升水利工程质量的实施意见》（水建管［2012］581 号）规定的“四不放过”原则，组织有关单位制定处理方案，对本工程事故及时进行了处理，并报上级主管部门备案。事故处理后不影响工程正常使用和工程寿命，处理事故延误工期 22d。

问题：

1. 说明本工程施工围堰的建筑物级别？分别指出图 3 中①、②、③所代表的材料名称。

2. 指出事件 1 中“一岗双责”和“四项措施”的具体内容。

3. 根据《水利工程质量事故处理暂行规定》（水利部令第 9 号），水利工程质量事故共分为哪几类？指出事件 2 的质量事故类别。

4. 事件 2 中，围堰质量事故由项目法人组织进行处理，是否正确？说明“四不放过”原则的内容。

2017 年度真题参考答案及解析

一、单项选择题

1. A；	2. D；	3. D；	4. B；	5. C；
6. B；	7. A；	8. C；	9. A；	10. C；
11. B；	12. C；	13. B；	14. A；	15. B；
16. D；	17. B；	18. D；	19. C；	20. D。

【解析】

1. A。本题考核的是坝身控制测量。临时水准点应根据施工进度及时设置，并与永久水准点构成附合或闭合水准路线，按等外精度施测，并要根据永久水准点定期进行检测。此知识点已删除。

2. D。本题考核的是钢筋标注形式。钢筋图中钢筋的标注形式如图 4 所示。

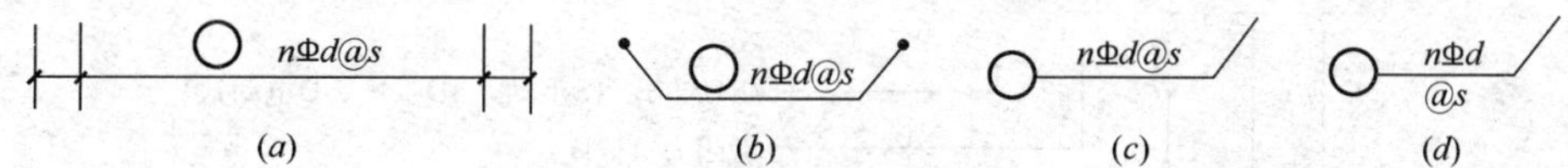

图 4　钢筋的标注形式

注：圆圈内填写钢筋编号；n 为钢筋的根数；Φ为钢筋直径及种类的代号；d 为钢筋直径的数值；@ 为钢筋间距的代号；s 为钢筋间距的数值

3. D。本题考核的是岩层产状要素。岩层产状要素如图 5 所示。

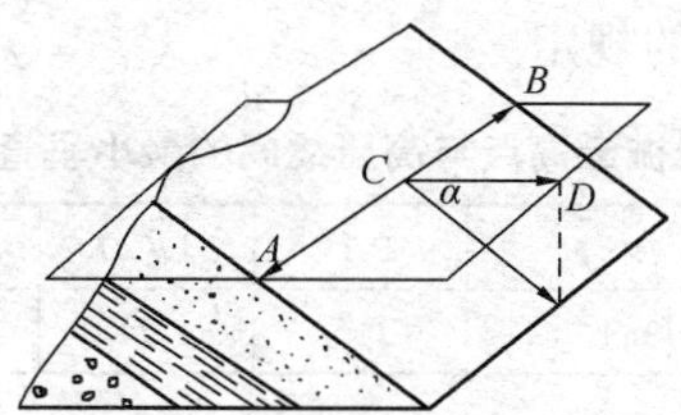

图 5　岩层产状要素

AB—走向；CD—倾向；α—倾角

4. B。本题考核的是重力坝分缝分块。重力坝分缝分块形式如图 6 所示。

5. C。本题考核的是水硬性胶凝材料。水硬性胶凝材料不仅能在空气中硬化，而且能更好地在潮湿环境或水中硬化、保持并继续发展其强度，如水泥。

6. B。本题考核的是水工隧洞中灌浆施工顺序。水工隧洞的灌浆宜按照先回填灌浆、后固结灌浆、再接缝灌浆的顺序进行。

7. A。本题考核的是模板荷载。基本荷载包括：模板及其支架的自重；新浇混凝土重量；钢筋重量；工作人员及浇筑设备、工具等荷载；振捣混凝土产生的荷载；新浇混凝土的侧压力。特殊荷载有：（1）风荷载；（2）以上 7 项荷载以外的其他荷载。

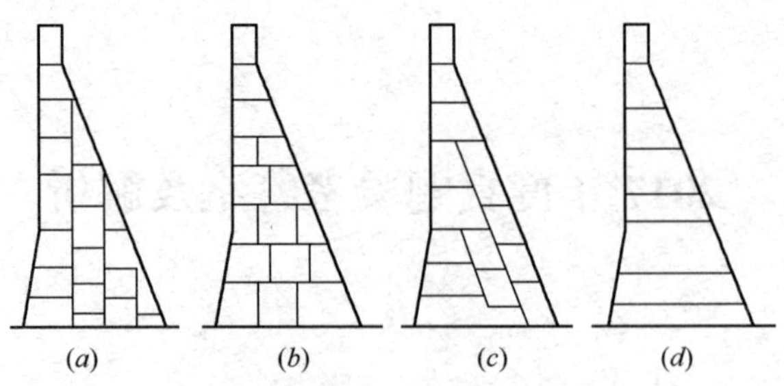

图 6　重力坝分缝分块形式

（a）竖缝分块；（b）错缝分块；（c）斜缝分块；（d）通仓分块

8. C。本题考核的是植筋（锚栓）技术要求。选项 A 错误，施工中钻出的废孔，应采用高于结构混凝土一个强度等级的水泥砂浆、树脂水泥砂浆或锚固胶粘剂进行填实。选项 B 错误，当植筋时，应使用热轧带肋钢筋，不得使用光圆钢筋。选项 C 正确，植入孔内部分钢筋上的锈迹、油污应打磨清除干净。选项 D 错误，化学锚栓在固化完成前，应按安装要求进行养护，固化期间禁止扰动。固化后不得进行焊接。

9. A。本题考核的是启闭机型号的表示方法。螺杆式启闭机型号的表示方法如图 7 所示。

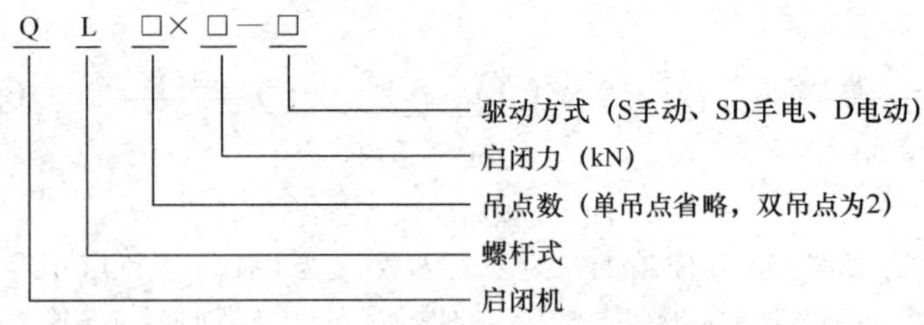

图 7　螺杆式启闭机型号的表示方法

10. C。本题考核的是机械最高点与高压线间的最小垂直距离。机械最高点与高压线间的最小垂直距离不得小于表 4 的规定。

机械最高点与高压线间的最小垂直距离　　表 4

线路电压（kV）	<1	1~20	35~110	154	220	330
机械最高点与线路间的垂直距离（m）	1.5	2	4	5	6	7

11. B。本题考核的是土方明挖工程单价的内容。土方明挖工程单价包括承包人按合同要求完成场地清理，测量放样，临时性排水措施（包括排水设备的安拆、运行和维修），土方开挖、装卸和运输，边坡整治和稳定观测，基础、边坡面的检查和验收，以及将开挖可利用或废弃的土方运至监理人指定的堆放区并加以保护、处理等工作所需的费用。

12. C。本题考核的是一类负荷。水利水电工程施工现场一类负荷主要有井、洞内的照明、排水、通风和基坑内的排水、汛期的防洪、泄洪设施以及医院的手术室、急诊室、重要的通信站以及其他因停电即可能造成人身伤亡或设备事故引起国家财产严重损失的重要负荷。

13. B。本题考核的是材料价格调整方法。根据《水利工程营业税改征增值税计价依据调整办法》（办水总［2016］132 号）的通知，材料价格应采用发布的不含税信息价格或市场调研的不含税价格。投标报价文件采用含税价格编制时，材料价格可以采用将含税价格除以调整系数的方式调整为不含税价格。调整方法如下：主要材料如水泥、钢筋、柴油、汽油、炸药、木材、引水管道、安装工程的电缆、轨道、钢板等未计价材料、其他占工程投资比例高的材料除以 1.17 调整系数；次要材料除以 1.03 调整系数；购买的砂、石料、土料暂按除以 1.02 调整系数；商品混凝土除以 1.03 调整系数。

14. A。本题考核的是项目法人质量考核。根据《水利部关于修订印发水利建设质量工作考核办法的通知》（水建管［2018］102 号），每年对省级水行政主管部门进行水利建设质量工作考核。每年 7 月 1 日至次年 6 月 30 日为一个考核年度。考核采用评分和排名相结合的综合评定法，满分为 100 分，其中总体考核得分占考核总分的 60%，项目考核得分占考核总分的 40%。考核结果分 4 个等级，分别为：A 级（考核排名前 10 名，且得分 90 分及以上的）、B 级（A 级以后，且得分 80 分及以上的）、C 级（B 级以后，且得分在 60 分及以上的）、D 级（得分 60 分以下或发生重、特大质量事故的）。

15. B。本题考核的是工程质量保证金的预留比例。工程质量保证金的预留比例上限不得高于工程价款结算总额的 5%。《住房城乡建设部 财政部关于印发建设工程质量保证金管理办法的通知》（建质［2017］138 号）规定，发包人应按照合同约定方式预留保证金，保证金总预留比例不得高于工程价款结算总额的 3%。

16. D。本题考核的是三级安全教育。公司教育（一级教育）主要进行安全基本知识、法规、法制教育。项目部（工段、区、队）教育（二级教育）主要进行现场规章制度和遵章守纪教育。班组教育（三级教育）主要进行本工种岗位安全操作及班组安全制度、纪律教育。

17. B。本题考核的是风险处置方法。风险处置方法的采用应符合以下原则：（1）损失大、概率大的灾难性风险，应采取风险规避；（2）损失小、概率大的风险，宜采取风险缓解；（3）损失大、概率小的风险，宜采用保险或合同条款将责任进行风险转移；（4）损失小、概率小的风险，宜采用风险自留；（5）有利于工程项目目标的风险，宜采用风险利用。

18. D。本题考核的是修建工程设施的水土保持预防规定。《水土保持法》第 20 条规定：“禁止在 25 度以上陡坡地开垦种植农作物。在 25 度以上陡坡地种植经济林的，应当科学选择树种，合理确定规模，采取水土保持措施，防止造成水土流失。”

19. C。本题考核的是水利水电工程施工质量评定表的填写。施工单位应按《单元工程评定标准》检验工序及单元工程质量，作好书面记录，在自检合格后，填写《水利水电工程施工质量评定表》报监理单位复核。

20. D。本题考核的是警戒线距建筑物外边线的距离。在施工的建（构）筑物周围应划出施工危险警戒区，警戒线至建（构）筑物外边线的距离不应小于施工对象高度的 1/10，且不小于 10m。

二、多项选择题

21. A、B、C；　22. C、D、E；　23. A、D、E；
24. B、C、D；　25. B、D、E；　26. B、C、D；
27. A、B；　28. B、C、D；　29. C、D、E；
30. A、B、D。

【解析】

21. A、B、C。本题考核的是经纬仪的分类。根据度盘刻度和读数方式的不同，经纬仪分为游标经纬仪、光学经纬仪和电子经纬仪。此知识点已删除。

22. C、D、E。本题考核的是能量损失。水泵内的能量损失可分三部分，即水力损失、容积损失和机械损失。

23. A、D、E。本题考核的是岩浆岩。火成岩又称岩浆岩，是由岩浆侵入地壳上部或喷出地表凝固而成的岩石，主要包括花岗岩、闪长岩、辉长岩、辉绿岩、玄武岩等。

24. B、C、D。本题考核的是非黏性土料的压实试验。对非黏性土料的试验，只需作铺土厚度、压实遍数和干密度的关系曲线，据此便可得到与不同铺土厚度对应的压实遍数，根据试验结果选择现场施工的压实参数。

25. B、D、E。本题考核的是堰顶高程的确定。堰顶高程的确定，取决于施工期水位及围堰的工作条件（波浪爬高、围堰的安全超高等）。

26. B、C、D。本题考核的是 PPP 项目中社会资本退出前应完成的工作。政府有关部门应建立健全社会资本退出机制，在严格“清产核资、落实项目资产处理和建设与运行后续方案的情况下，允许社会资本退出”妥善做好项目移交接管，确保水利工程的顺利实施和持续安全运行，维护社会资本的合法权益，保证公共利益不受侵害。此知识点已删除。

27. A、B。本题考核的是水利工程建设项目开展施工准备工作前提条件。根据水利部《关于调整水利工程建设项目施工准备条件的通知》（水建管［2015］433 号），水利工程建设项目应当具备以下条件，方可开展施工准备：（1）建设项目可行性研究报告已经批准；（2）年度水利投资计划下达；（3）项目法人已经建立。此知识点已删除。

28. B、C、D。本题考核的是严重失信行为。严重失信行为包括：（1）出借、借用资质证书进行投标或承接工程的；（2）围标、串标的；（3）转包或违法分包所承揽工程的；（4）有行贿、受贿违法记录的；（5）对重（特）大质量事故、生产安全事故负有直接责任的；（6）公开信息隐瞒真实情况、弄虚作假的。此知识点已删除。

29. C、D、E。本题考核的是小水电站工程验收的要求。在施工单位递交了工程质量保修书、提交有关竣工资料，完成施工场地清理后，项目法人应在 20 个工作日内向施工单位颁发合同工程完工证书。

30. A、B、D。本题考核的是进度管理文件的内容。进度管理文件包括：施工进度计划报审表、暂停施工申请表、复工申请表、施工进度计划调整报审表、延长工期报审表。选项 C、E 属于合同管理文件。

三、案例分析题

（一）

1. 进度计划表中 T_B、T_E、T_G 所代表的工作起止时间：

T_B：2012 年 12 月 11 日—2013 年 1 月 15 日

T_E：2013 年 4 月 26 日—2013 年 5 月 25 日

T_G：2013 年 5 月 26 日—2013 年 6 月 30 日

2. 承包人应在收到监理人通知后的 7d 内提交进场延误书面报告，该书面报告的内容应包括不能及时进场的原因和补救措施等。

3. 事件2：B工作比计划延迟5d，因B工作为关键工作，影响合同工期5d。

事件3：D工作比计划延迟10d，因D工作为非关键工作，总时差为10d，不影响合同工期。

事件4：F工作比计划延迟20d，因F工作为非关键工作，总时差为25d，不影响合同工期。

该项目的实际完成日期为2013年7月5日。

4. 承包人可向发包人提出延期0d（或承包人不能向发包人提出延期）要求。因事件2中影响合同工期的责任方为承包人。

承包人可向发包人提出增加费用8万元的要求。因事件3的责任方为发包人，增加费用由发包人承担；事件1和事件2的责任方为承包人，增加费用自行承担。

（二）

1. 土料场安排：A区采用2#料场，B区采用1号料场。

因为堤防加固工程的原则是上截下排，1号料场土料渗透系数大（或渗透性强）用于B区（背水侧），2号料场土料渗透系数小（或渗透性弱），用于A区（迎水侧）。

2. 基坑开挖单元工程为重要隐蔽单元工程，应由施工单位自评合格，监理单位抽检，由项目法人、监理单位、设计单位、施工单位组成联合小组，共同检查核定其质量等级并填写签证表，报工程质量监督机构核备。

3. 此分部工程质量等级为优良。因为此分部工程所含单元工程质量全部合格；单元工程优良率大于70%；主要单元工程以及重要隐蔽单元工程优良率大于90%；未发生过质量事故；原材料质量合格；混凝土试件质量全部合格，所以此分部工程质量等级为优良。

4. 监理单位主持单位工程验收不妥，应由项目法人主持。

单位工程质量评定待单位工程验收后评定不妥，应先进行单位工程质量评定。

（三）

1. 万庄站的工程等别：Ⅲ等；工程规模：中型；主要建筑物级别：3级；次要建筑物级别：4级。

2. 事件1中的第（1）款不妥。招标文件不得把成立分公司作为资格条件。

事件1中的第（2）款不妥。本工程为中型工程，主要建筑物级别为3级，须由水利水电工程施工总承包二级及以上企业承担。

事件1中的第（6）款不妥。不能仅以淮海省水利厅公布的信用等级作为资格条件。

投标人异议的提出不妥之处：

在投标截止时间前第7d提出异议不妥（应当在投标截止时间10d前）；

向行政监督部门提出不妥（应当向招标人或招标代理机构提出）。

3. 事件2单价分析表中“费用名称”的不妥之处如下：

“直接工程费”不妥，应为“直接费”；

“现场经费”不妥，应为“其他直接费”；

“施工企业管理费”不妥，应为“间接费”；

增值税“税率3.22%”不妥，应为“11%”（该答案为当年考试用书规定，按现行规定增值税为 9%）。

4. 事件 2 单价分析表中的机械使用费，计算过程如下：$1m^3$ 挖掘机：1×200 = 200 元/$100m^3$

59kW 推土机：0. 5×110 = 55 元/$100m^3$

5t 自卸汽车：10×100 = 1000 元/$100m^3$

机械使用费：200+55+1000 = 1255 元/$100m^3$

（四）

1. 施工围堰建筑物级别：5 级。

①为大石子、②为小石子、③为粗砂。

2. “一岗双责”是指对分管的业务工作负责；对分管业务范围内的安全生产负责。

“四项措施”是指安全投入措施、安全管理措施、安全装备措施、教育培训措施。

3. 水利工程质量事故分为一般质量事故、较大质量事故、重大质量事故、特大质量事故。本工程质量事故为一般质量事故。

4. 本工程质量事故由项目法人组织进行处理，正确。

“四不放过”原则的内容：事故原因不查清楚不放过、主要事故责任者和职工未受到教育不放过、补救和防范措施不落实不放过、责任人员未受到处理不放过。

《水利水电工程管理与实务》

考前冲刺试卷（一）及解析

《水利水电工程管理与实务》考前冲刺试卷（一）

一、单项选择题（共20题，每题1分。每题的备选项中，只有1个最符合题意）

1. 水库遇下游保护对象的设计洪水时在坝前达到的最高水位被称为（　　）。

A. 校核洪水位　　B. 设计洪水位

C. 防洪高水位　　D. 正常蓄水位

2. 某堤防工程保护对象的防洪标准为50年一遇，该堤防工程的级别为（　　）。

A. 1　　B. 2

C. 3　　D. 4

3. 下列粒径范围中，属于混凝土细集料的是（　　）。

A. 0.075~0.15mm　　B. 0.15~4.75mm

C. 4.75~5.75mm　　D. 5.75~6.75mm

4. 含碳量为0.2%的钢筋属于（　　）。

A. 高碳钢　　B. 中碳钢

C. 低碳钢　　D. 微碳钢

5. 帷幕灌浆施工的主要参数不包括（　　）。

A. 灌浆压力　　B. 灌浆深度

C. 上下游水头　　D. 帷幕厚度

6. 反映水泥混凝土的主要质量指标不包括（　　）。

A. 和易性　　B. 强度

C. 耐久性　　D. 压缩性

7. 某水闸启闭机房钢筋混凝土悬臂梁跨度为1.5m，其底模拆除时，混凝土的强度至少应达到设计强度等级的（　　）。

A. 50%　　B. 75%

C. 80%　　D. 90%

8. 下列混凝土结构加固方法中，适用于修补龟裂缝的是（　　）。

A. 外粘钢板　　B. 钻孔灌浆

C. 粘贴纤维复合材料　　D. 涂抹环氧砂浆

9. 下列河道截流方法中，须在龙口建浮桥或栈桥的是（　　）。

A. 立堵法　　B. 平堵法

C. 水力充填法　　D. 浮运结构截流

10. 水利水电工程施工定额按编制程序和用途可分为多种类别，其中（　　）主要用于初步设计阶段预测工程造价。

A. 投资估算指标　　B. 预算定额

C. 施工定额　　D. 概算定额

11. 根据《水利工程建设项目管理规定（试行）》（2016年修订）（水建［1995］128

号），水利水电工程完成建设目标的标志是（　　）。

A. 合同工程完工验收　　B. 专项验收

C. 后评价　　D. 竣工验收

12. 下列施工用电负荷属一类负荷的是（　　）。

A. 隧洞施工照明　　B. 土石方开挖施工

C. 混凝土浇筑施工　　D. 钢筋加工厂

13. 如图 1 所示，混凝土重力坝分缝分块属于（　　）。

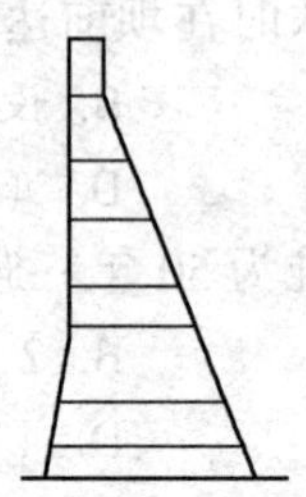

图 1　混凝土重力坝分缝分块

A. 通仓分块　　B. 竖缝分块

C. 平缝分块　　D. 错缝分块

14. 根据《水利水电工程标准施工招标文件》，合同订立后发生了下列情况，其中不会导致合同变更的是（　　）。

A. 取消合同中任何一项工作，被取消的工作转由其他人实施

B. 改变合同中任何一项工作的质量或其他特性

C. 改变合同工程的基线、标高、位置或尺寸

D. 为完成工程需要追加的额外工作

15. 从事水利工程（　　）的人员可以担任该项目的兼职质量监督员。

A. 监理　　B. 设计

C. 施工　　D. 运行管理

16. 根据《水利水电工程施工组织设计规范》SL 303—2017，工程建设全过程可划分为四个施工时段。编制施工总进度时，工程施工总工期应为（　　）。

A. 工程筹建期、工程准备期、主体工程施工期之和

B. 工程筹建期、工程准备期、工程完建期之和

C. 工程筹建期、主体工程施工期、工程完建期之和

D. 工程准备期、主体工程施工期、工程完建期之和

17. 根据《水利水电工程施工安全管理导则》SL 721—2015，监理单位应组织制订的安全生产管理制度不包括（　　）。

A. 安全生产教育培训制度

B. 安全生产事故应急救援和调查处理制度

C. 安全生产费用、技术、措施、方案审查制度

D. 危险源监控管理制度

18. 水利工程开工前，监理工程师应对由发包人准备的施工条件情况的检查不包括（　　）。

A. 质量保证体系建立情况　　B. 测量基准点的移交

C. 施工用地的提供　　D. 项目施工图纸的提供

19. 依据《水利工程建设项目档案验收评分标准》，档案验收结果的等级有（　　）。

A. 合格、不合格　　B. 优良、合格、不合格

C. 优秀、良好、合格、不合格　　D. 优秀、优良、合格、不合格

20. 根据《防洪法》，某地交通部门在河道上修建跨河桥梁，其（　　）应当报经有关水行政主管部门审查同意。

A. 工程补偿方案　　B. 工程设计方案

C. 工程建设方案　　D. 工程施工方案

二、多项选择题（共10题，每题2分。每题的备选项中，有2个或2个以上符合题意，至少有1个错项。错选，本题不得分；少选，所选的每个选项得0.5分）

21. 对非黏性土料的试验，只需作（　　）的关系曲线。

A. 铺土厚度　　B. 含水量

C. 压实遍数　　D. 强度

E. 干密度

22. 关于电子招标的要求，下列说法正确的是（　　）。

A. 电子招标投标交易平台应当允许社会公众免费注册登录

B. 电子招标投标交易平台运营机构不得以任何手段限制潜在投标人

C. 电子招标投标交易平台运营机构以数据接口配套为由，要求潜在投标人购买指定的工具软件

D. 招标人对招标文件进行澄清，应当通过电子招标投标交易平台以醒目的方式公告澄清内容

E. 在投标截止时间前，电子招标投标交易平台运营机构不得向个人泄露下载资格预审文件

23. 下列材料中，属于土工复合材料的有（　　）。

A. 土工布　　B. 塑料排水带

C. 软式排水管　　D. 土工模袋

E. 土工格室

24. 辅助导流主要方式有（　　）。

A. 明渠导流　　B. 涵管导流

C. 束窄河床　　D. 隧洞导流

E. 坝体缺口导流

25. 根据水利水电工程验收有关规定，下列关于大型拦河水闸工程验收的说法中正确的有（　　）。

A. 应进行蓄水验收

B. 由竣工验收主持单位决定是否进行蓄水验收

C. 应进行竣工验收技术鉴定

D. 由竣工验收主持单位决定是否进行竣工验收技术鉴定

E. 在建设项目全部完成后3个月内进行竣工验收

26. 根据《关于水利工程建设项目代建制管理的指导意见》（水建管［2015］91号），代建单位近3年在承接的各类建设项目中发生过（　　）质量、安全责任事故或者有其他

严重违法、违纪和违约等不良行为记录的单位不得承担项目代建业务。

A. 一般　　B. 较小

C. 较大　　D. 重大

E. 特别重大

27.《水利水电工程标准施工招标文件》(2009 年版) 中，应不加修改引用的有(　　)。

A. 申请人须知　　B. 资格审查办法

C. 投标人须知　　D. 评标办法

E. 通用合同条款

28.《水利水电工程施工安全防护设施技术规范》SL 714—2015 中，载人提升机械应设置的安全装置包括(　　)。

A. 防爆保护装置　　B. 上极限限位装置

C. 限速保护装置　　D. 超载保护装置

E. 防雨保护装置

29. 根据水利部 2012 年第 57 号公告颁布的水利水电工程单元工程施工质量验收评定标准，水利工程质量检验项目包括(　　)。

A. 主控项目　　B. 一般项目

C. 保证项目　　D. 基本项目

E. 允许偏差项目

30. 根据《水利工程施工监理规范》SL 288—2014，水利工程建设项目施工监理的主要工作制度有(　　)。

A. 技术文件核查、审核和备案制度

B. 原材料、中间产品和工程设备报验制度

C. 工程计量付款签证制度

D. 紧急情况报告制度

E. 考核奖惩制度

三、实务操作和案例分析题（共 4 题，每题 20 分）

(一)

背景资料：

某坝后式水电站安装两台立式水轮发电机组，甲公司承包主厂房土建施工和机电安装工程，主机设备由发包方供货。合同约定：(1) 应在两台机墩混凝土均浇筑至发电机层且主厂房施工完成后，方可开始水轮发电机组的正式安装工作。(2) 1 号机为计划首台发电机组。(3) 首台机组安装如工期提前，承包人可获得奖励，标准为 10000 元/d；工期延误，承包人承担逾期违约金，标准为 10000 元/d。

单台尾水管安装综合机械使用费合计 100 元/h，单台座环蜗壳安装综合机械使用费合计 175 元/h。机械闲置费用补偿标准按使用费的 50%计。

施工计划按每月 30d、每天 8h 计，承包人开工前编制首台机组安装施工进度计划，并报监理人批准。首台机组安装施工进度计划如图 2 所示。

事件 1：座环蜗壳Ⅰ到货时间延期导致座环蜗壳Ⅰ安装工作开始时间延迟了 10d，尾水

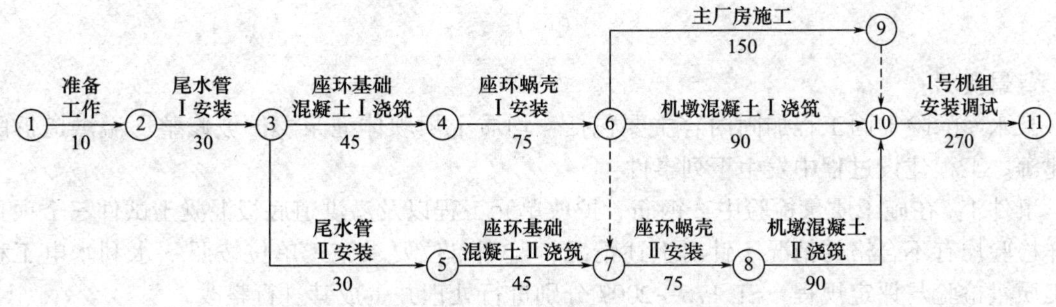

图 2　首台机组安装施工进度计划（单位：d）

管Ⅱ到货时间延期导致尾水管Ⅱ安装工作开始时间延迟了 20d。承包人为此提出顺延工期和补偿机械闲置费要求。

事件 2：座环蜗壳Ⅰ安装和座环基础混凝土Ⅱ浇筑完成后，因不可抗力事件导致后续工作均推迟一个月开始，发包人要求承包人加大资源投入，对后续施工进度计划进行优化调整，确保首台机组安装按原计划工期完成，承包人编制并报监理人批准的首台发电机组安装后续施工进度计划如图 3。并约定，相应补偿措施费用 90 万元，其中包含了确保首台机组安装按原计划工期完成所需的赶工费用及工期奖励。

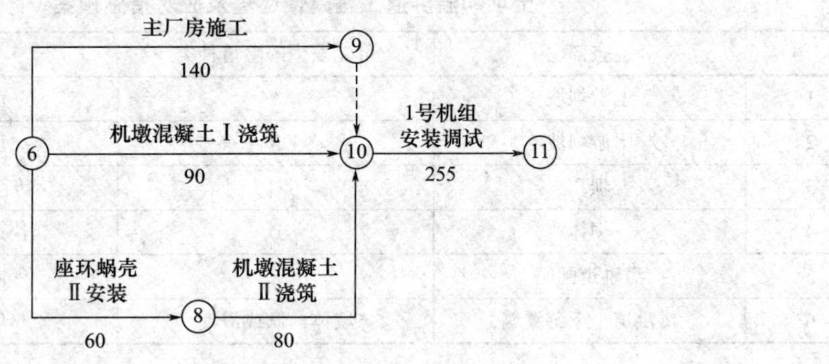

图 3　首台机组安装后续施工进度计划（单位：d）

事件 3：监理工程师发现机墩混凝土Ⅱ浇筑存在质量问题，要求承包人返工处理，延长工作时间 10d，返工费用 32600 元。为此，承包人提出顺延工期和补偿费用的要求。

事件 4：主厂房施工实际工作时间为 155d，1 号机组安装调试实际时间为 232d，其他工作按计划完成。

问题：

1. 根据图 2，计算施工进度计划总工期，并指出关键线路（以节点编号表示）。

2. 根据事件 1，承包人可获得的工期顺延天数和机械闲置补偿费用分别为多少？说明理由。

3. 事件 3 中承包人提出的要求是否合理？说明理由。

4. 综合上述四个事件，计算首台机组安装的实际工期；指出工期提前或延误的天数，承包人可获得工期提前奖励或应承担的逾期违约金。

5. 综合上述四个事件计算承包人可获得的补偿及奖励或违约金的总金额。

（二）

背景资料：

某水库除险加固工程加固内容主要包括：均质土坝坝体灌浆、护坡修整、溢洪道拆除重建等。工程建设过程中发生下列事件：

事件1：在施工质量检验中，钢筋、护坡单元工程以及溢洪道底板混凝土试件三个项目抽样检验均有不合格的情况。针对上述情况，监理单位要求施工单位按照《水利水电工程施工质量检验与评定规程》SL 176—2007分别进行处理并责成其进行整改。

事件2：溢洪道单位工程完工后，项目法人主持单位工程验收，并成立了由项目法人、设计、施工、监理等单位组成的验收工作组。经评定，该单位工程施工质量等级为合格，其中工程外观质量得分率为75%。

事件3：2015年汛前，该合同工程基本完工。由于当年汛期水库防汛形势严峻，为确保水库安全度汛，根据度汛方案，建设单位组织参建单位对土坝和溢洪道进行险情巡查，并制定了土坝和溢洪道工程险情巡查及应对措施预案，部分内容见表1。

事件4：合同工程完工验收后，施工单位及时向项目法人递交了工程质量保修书，保修书中明确了合同工程完工验收情况等有关内容。

土坝和溢洪道工程险情巡查及应对措施预案 **表1**

序号	巡查部位	可能发生的险情种类	应对措施预案
1	上游坝坡	A	前截后导，临重于背
2	下游坝坡	B	反滤导渗，控制涌水
3	坝顶	C	转移人员、设备，加高抢护
4	坝体	D	快速转移居民，堵口抢筑
5	溢洪道闸门	E	保障电源，抢修启闭设备
6	溢洪道上下游翼墙	墙体前倾或滑动	墙后减载，加强观测

问题：

1. 根据《碾压式土石坝施工规范》DL/T 5129—2013，简要说明土坝坝体与溢洪道岸翼墙混凝土面结合部位填筑的技术要求。

2. 针对事件1中提到的钢筋、护坡单元工程以及混凝土试件抽样检验不合格的情况，分别说明具体处理措施。

3. 根据事件2溢洪道单位工程施工质量评定结果，请写出验收鉴定书中验收结论的主要内容。

4. 溢洪道单位工程验收工作组中，除事件2所列单位外，还应包括哪些单位的代表？单位工程验收时，有哪些单位可以列席验收会议？

5. 根据本工程具体情况，指出表1中A、B、C、D、E分别代表的险情种类。

6. 除合同工程完工验收情况外，工程质量保修书还应包括哪些方面的内容？

（三）

背景资料：

某水闸施工合同，上游连接段分部工程施工计划及各项工作的合同工程量和单价（钢筋混凝土工程为综合单价）如图 4 所示。合同约定：

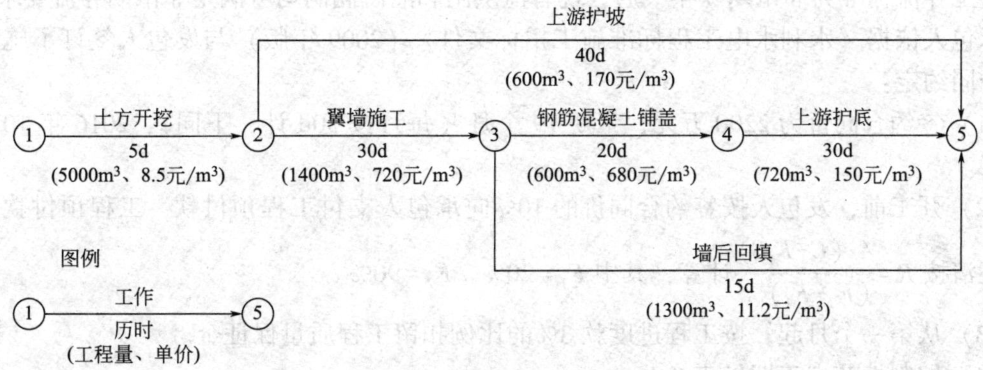

图 4　分部工程施工计划

（1）预付款为合同价款的 10%，开工前支付，从第 1 个月开始每月平均扣回；

（2）保留金自第 1 个月起按每月工程进度款的 3%扣留。

施工中发生以下事件：

事件 1：土方开挖时发现上游护底地基为软弱土层，需进行换土处理。经协商确定，增加的“上游护底换土”是“土方开挖”的紧后、“上游护底”的紧前工作，其工作量为 $1000m^3$，单价为 22.5 元/m^3（含开挖、回填），时间为 10d。

事件 2：在翼墙浇筑前，为保证安全，监理单位根据有关规定指示承包人架设安全网一道，承包人为此要求增加临时设施费用。

问题：

1. 计算工程预付款额及新增“上游护底换土”后合同总价（单位为元，保留两位小数，下同）。

2. 若实际工程量与合同工程量一致，各项工作均以最早时间开工且均匀施工，工程第 1 天开工后每月以 30d 计，计算第 2 个月的工程进度款、预付款扣还、保留金扣留和实际支付款。

3. 施工单位提出的增加临时设施费的要求是否合理？为什么？

4. 指出上游翼墙墙后回填土施工应注意的主要问题有哪些。

（四）

背景资料：

某水库除险加固工程的主要内容有泄洪闸加固、灌溉涵洞拆除重建、大坝加固。工程所在地区的主汛期为6~8月份，泄洪闸加固和灌溉涵洞拆除重建分别安排在两个非汛期施工。施工导流标准为非汛期5年一遇，现有泄洪闸和灌溉涵洞均可满足非汛期导流要求。

承包人依据《水利水电工程标准施工招标文件》（2009年版）与发包人签订了施工合同。合同约定：

（1）签约合同价为2200万元，工期19个月（每月按30d计，下同），2016年10月1日开工。

（2）开工前，发包人按签约合同价的10%向承包人支付工程预付款，工程预付款的扣回与还清按 $R=\frac{A\ (C-F_1S)}{(F_2-F_1)\ S}$ 计算，其中 $F_1=20\%$，$F_2=90\%$。

（3）从第一个月起，按工程进度款3%的比例扣留工程质量保证金。

（4）控制性节点工期见表2。

控制性节点工期 **表2**

节点名称	控制性节点工期
水库除险加固工程完工	2018年4月30日
泄洪闸加固具备通水条件	T
灌溉涵洞拆除重建具备通水条件	2018年3月30日

施工中发生以下事件：

事件1：工程开工前，承包人按要求向监理人提交了开工报审表，并做好开工前的准备，工程如期开工。

事件2：大坝加固项目计划于2016年10月1日开工，2017年9月30日完工。承包人对大坝加固项目进行了细化分解，并考虑施工现场资源配备和安全度汛要求等因素，编制了大坝加固项目各工作的逻辑关系表见表3。其中大坝安全度汛目标为：重建迎水面护坡、新建坝身混凝土防渗墙两项工作必须在2017年5月底前完成。

大坝加固项目各工作的逻辑关系表 **表3**

工作代码	工作名称	工作持续时间(d)	紧前工作
A	拆除背水面护坡	30	—
B	坝身迎水面土方培厚加高	60	G
C	砌筑背水面砌石护坡	90	F、K
D	拆除迎水面护坡	40	—
E	预制混凝土砌块	50	G
F	砌筑迎水面混凝土砌块护坡	100	B、E
G	拆除坝顶道路	20	A、D
H	重建坝顶防浪墙和道路	50	C
K	新建坝身混凝土防渗墙	120	B

根据表 3，承包人绘制了大坝加固项目施工进度计划如图 5 所示。

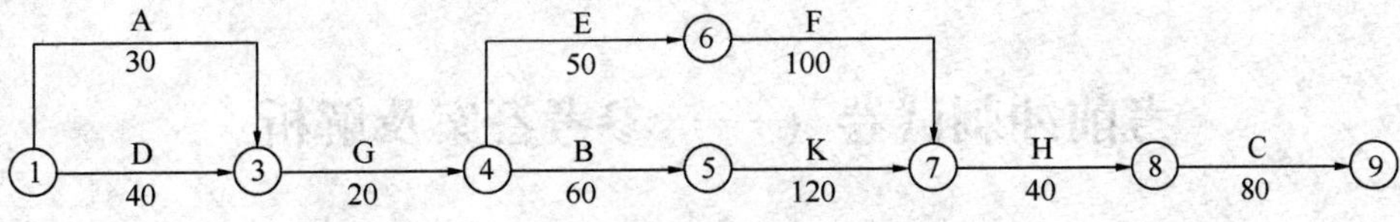

图 5　大坝加固项目施工进度计划

经检查发现图 5 有错误，监理人要求承包人根据表 3 对图 5 进行修订。

事件 3：F 工作由于设计变更工程量增加 12%，为此承包人分析对安全度汛和工期的影响，按监理人的变更意向书要求，提交了包括变更工作计划、措施等内容的实施方案。

事件 4：截至 2018 年 1 月底累计完成合同金额为 1920 万元，2018 年 2 月份经监理人认可的已实施工程价款为 98 万元。

问题：

1. 写出事件 1 中承包人提交的开工报审表主要内容。

2. 指出表 2 中控制性节点工期 T 的最迟时间，说明理由。

3. 根据事件 2，说明大坝加固项目施工进度计划（图 5）应修订的主要内容。

4. 根据事件 3，分析在施工条件不变的情况下（假定匀速施工），变更事项对大坝安全度汛目标的影响。

5. 计算 2018 年 2 月份发包人应支付承包人的工程款（计算结果保留 2 位小数）。

考前冲刺试卷（一）参考答案及解析

一、单项选择题

1. C；	2. B；	3. B；	4. C；	5. C；
6. D；	7. B；	8. D；	9. B；	10. D；
11. D；	12. A；	13. A；	14. A；	15. D；
16. D；	17. B；	18. A；	19. B；	20. C。

【解析】

1. C。本题考核的是水库的特征水位。防洪高水位是水库遇下游保护对象的设计洪水时在坝前达到的最高水位。

2. B。本题考核的是堤防工程的级别。堤防工程的级别根据其保护对象的防洪标准确定，见表4。

堤防工程的级别　　表4

防洪标准［重现期(年)］	≥100	<100,且≥50	<50,且≥30	<30,且≥20	<20,且≥10
堤防工程的级别	1	2	3	4	5

3. B。本题考核的是细集料的粒径。在混凝土中的砂、石起骨架作用，其中砂称为细集料，其粒径在0.15~4.75mm之间；石称为粗集料，其粒径大于4.75mm。

4. C。本题考核的是钢筋的分类。含碳量小于0.25%的钢筋属于低碳钢。

5. C。本题考核的是帷幕灌浆施工的主要参数。帷幕灌浆主要参数有防渗标准、深度、厚度、灌浆孔排数和灌浆压力等。

6. D。本题考核的是混凝土的主要质量指标。水泥混凝土的主要质量指标包括和易性、强度、变形、耐久性。

7. B。本题考核的是拆模时间。钢筋混凝土结构的承重模板，要求达到下列规定值（按混凝土设计强度等级的百分率计算）时才能拆模：（1）悬臂板、梁：跨度≤2m，75%；跨度>2m，100%。（2）其他梁、板、拱：跨度≤2m，50%；跨度2~8m，75%；跨度>8m，100%。

8. D。本题考核的是混凝土裂缝修补方法。龟裂缝或开度小于0.5mm的裂缝，可在表面涂抹环氧砂浆或表面贴条状砂浆，有些缝可以表面凿槽嵌补或喷浆处理。

9. B。本题考核的是抛投块料截流。平堵是先在龙口建造浮桥或栈桥，由自卸汽车或其他运输工具运来抛投料，沿龙口前沿投抛。

10. D。本题考核的是水利工程定额。概算定额主要用于初步设计阶段预测工程造价。

11. D。本题考核的是水利工程建设程序。竣工验收是工程完成建设目标的标志，是全面考核建设成果、检验设计和工程质量的重要步骤。

12. A。本题考核的是水利水电工程的施工现场一类负荷。水利水电工程施工现场一类负荷主要有井、洞内的照明、排水、通风和基坑内的排水、汛期的防洪、泄洪设施以及医院的手术室、急诊室、重要的通信站以及其他因停电即可能造成人身伤亡或设备事故引起国家财产严重损失的重要负荷。选项 BC 主要设备属于二类负荷。选项 D 主要设备属于三类负荷。

13. A。本题考核的是重力坝分缝分块。重力坝分缝分块如图 6 所示。

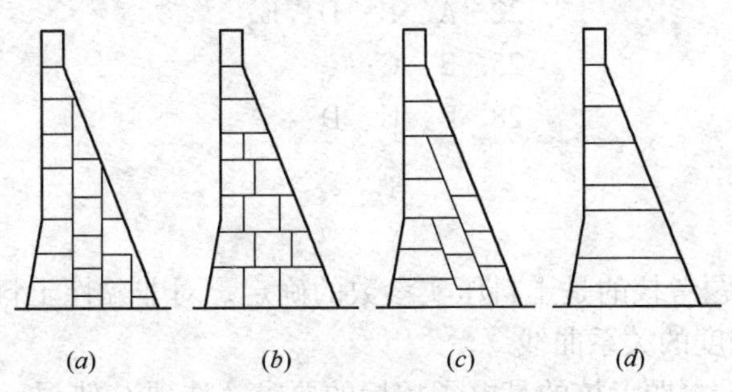

图 6　重力坝分缝分块

（a）竖缝分块；（b）错缝分块；（c）斜缝分块；（d）通仓分块

14. A。本题考核的是变更的范围和内容。在履行合同中发生以下情形之一，应进行变更：（1）取消合同中任何一项工作，但被取消的工作不能转由发包人或其他人实施。（2）改变合同中任何一项工作的质量或其他特性。（3）改变合同工程的基线、标高、位置或尺寸。（4）改变合同中任何一项工作的施工时间或改变已批准的施工工艺或顺序。（5）为完成工程需要追加的额外工作。（6）增加或减少专用合同条款中约定的关键项目工程量超过其工程总量的一定数量百分比。

15. D。本题考核的是兼职质量监督员的范围。兼职质量监督员为工程技术人员，凡从事该工程监理、设计、施工、设备制造的人员不得担任该工程的兼职质量监督员。

16. D。本题考核的是水利水电工程施工期的划分。根据《水利水电工程施工组织设计规范》SL 303—2017，工程建设全过程可划分为工程筹建期、工程准备期、主体工程施工期和工程完建期四个施工时段。编制施工总进度时，工程施工总工期应为后三项工期之和。

17. B。本题考核的是监理单位应组织制订的安全生产管理制度。监理单位应组织制定以下安全生产管理制度：（1）安全生产责任制度。（2）安全生产教育培训制度。（3）安全生产费用、技术、措施、方案审查制度。（4）生产安全事故隐患排查制度。（5）危险源监控管理制度。（6）安全防护设施、生产设施及设备、危险性较大的专项工程、重大事故隐患治理验收制度。（7）安全例会制度及安全档案管理制度等。

18. A。本题考核的是施工准备阶段监理工作的内容。检查开工前由发包人准备的施工条件情况包括：（1）首批开工项目施工图纸的提供。（2）测量基准点的移交。（3）施工用地的提供。（4）施工合同约定应由发包人负责的道路、供电、供水、通信及其他条件和资源的提供情况。

19. B。本题考核的是水利工程档案验收结果等级。水利工程验收结果分为 3 个等级：总分达到或超过 90 分的，为优良；达到 70~89.9 分的，为合格；达不到 70 分或“应归档文件材料质量与移交归档”项达不到 60 分的，均为不合格。

20. C。本题考核的是河道湖泊上建设工程设施的防洪要求。《防洪法》规定，建设跨河、穿河、穿堤、临河的桥梁、码头、道路、渡口、管道、缆线、取水、排水等工程设施，应当符合防洪标准、岸线规划、航运要求和其他技术要求，不得危害堤防安全，影响河势稳定、妨碍行洪畅通；某工程建设方案未经有关水行政主管部门根据前述防洪要求审查同意的，建设单位不得开工建设。

二、多项选择题

21. A、C、E；	22. A、B、D、E；	23. B、C；
24. A、B、D、E；	25. B、C；	26. C、D、E；
27. C、D、E；	28. B、C、D；	29. A、B；
30. B、C、D。		

【解析】

21. A、C、E。本题考核的是土料压实参数的确定。对非黏性土料的试验，只需作铺土厚度、压实遍数和干密度的关系曲线。

22. A、B、D、E。本题考核的是电子招标的要求。选项C错误，电子招标投标交易平台运营机构不得以技术和数据接口配套为由，要求潜在投标人购买指定的工具软件。

23. B、C。本题考核的是土工复合材料。土工复合材料包括复合土工膜、塑料排水带、软式排水管。选项A属于土工织物；选项D、E属于土工特种材料。

24. A、B、D、E。本题考核的是辅助导流方式。辅助导流方式有明渠导流、隧洞导流、涵管导流、淹没基坑法导流、底孔导流、坝体缺口导流。

25. B、C。本题考核的是水利工程验收的要求。选项A错误，拦河水闸工程可根据工程规模、重要性，由竣工验收主持单位决定是否组织蓄水（挡水）验收。选项D错误，大型水利工程在竣工技术预验收前，应按照有关规定进行竣工验收技术鉴定。选项E错误，竣工验收应在工程建设项目全部完成并满足一定运行条件后1年内进行。

26. C、D、E。本题考核的是水利工程建设项目代建制。代建单位近3年在承接的各类建设项目中发生过较大以上质量、安全责任事故或者有其他严重违法、违纪和违约等不良行为记录的单位不得承担项目代建业务。

27. C、D、E。本题考核的是《水利水电工程标准施工招标文件》（2009年版）的相关知识。根据《水利水电工程标准施工招标文件》（2009年版），招标文件一般包括招标公告、投标人须知、评标办法、合同条款及格式、工程量清单、招标图纸、合同技术条款和投标文件格式等八章。其中，第二章投标人须知、第三章评标办法、第四章第一节通用合同条款属于《水利水电工程标准施工招标文件》强制使用的内容，应不加修改的使用。

28. B、C、D。本题考核的是载人提升机械的安全装置。根据《水利水电工程施工安全防护设施技术规范》SL 714—2015规定，载人提升机械应设置下列安全装置，并保持灵敏可靠：（1）上限位装置（上限位开关）；（2）上极限限位装置（越程开关）；（3）下限位装置（下限位开关）；（4）断绳保护装置；（5）限速保护装置；（6）超载保护装置。

29. A、B。本题考核的是水利工程质量检验项目。根据水利部2012年第57号公告颁布的水利水电工程单元工程施工质量验收评定标准，将质量检验项目统一为主控项目、一般项目（主控项目，对单元工程功能起决定作用或对安全、卫生、环境保护有重大影响的检验项目；一般项目，除主控项目外的检验项目）。

30. B、C、D。根据《水利工程施工监理规范》SL 288—2014，水利工程建设项目施工监理的主要工作制度有：（1）技术文件核查、审核和审批制度。（2）原材料、中间产品和工程设备报验制度。（3）工程质量报验制度。（4）工程计量付款签证制度。（5）会议制度。（6）紧急情况报告制度。（7）工程建设标准强制性条文（水利工程部分）符合性审核制度。（8）监理报告制度。（9）工程验收制度。

三、实务操作和案例分析题

（一）

1. 施工进度计划总工期为595d。

关键线路为：①→②→③→④→⑥→⑦→⑧→⑩→⑪。

2. 事件1中，承包人可获得的工期顺延天数和机械闲置补偿费用及其理由如下：

（1）承包人可获得顺延工期10d。

理由：座环蜗壳Ⅰ、尾水管Ⅱ到货延期均为发包人责任。座环蜗壳Ⅰ安装是关键工作，开始时间延迟10d，影响工期10d。尾水管Ⅱ安装工作总时差45d，尾水管Ⅱ安装开始时间延迟20d不影响工期。

（2）补偿机械闲置费15000元。

理由：座环蜗壳Ⅰ机械闲置费补偿：10×8×175×50%＝7000元；尾水管Ⅱ机械闲置费补偿：20×8×100×50%＝8000元。

3. 事件3中承包人提出的要求是否合理的判断及理由如下：

事件3中承包人提出的要求不合理。

理由：施工质量问题属于承包人责任。

4. 首台机组安装实际工期＝10+30+45+75+155+232+10+30＝587d。

工期提前8d（595−587），所以可获得工期提前奖励为：8×10000＝80000元。

5. 综合四个事件计算承包人可获得的补偿及奖励或违约金的总金额如下：

（1）设备闲置费：15000元。

（2）措施费900000元。

（3）提前奖励80000元。

合计为：15000+900000+80000＝995000元。

（二）

1. 土坝坝体与溢洪道岸翼墙混凝土面结合部位填筑的技术要求：

（1）填土前，混凝土表面乳皮、粉尘及其上附着杂物必须清除干净。

（2）填土与混凝土表面脱开时必须予以清除。

2. 对钢筋、护坡单元工程以及混凝土试件抽样检验不合格的处理措施：

（1）钢筋一次抽样检验不合格时，应及时对同一取样批次另取两倍数量进行检验，如仍不合格，则该批次钢筋应当定为不合格，不得使用。

（2）单元工程质量不合格时，应按合同要求进行处理或返工重做，并经重新检验且合格后方可进行后续工程施工。

（3）混凝土试件抽样检验不合格时，应委托具有相应资质等级的质量检测机构对溢洪道底板混凝土进行检验，如仍不合格，由项目法人组织有关单位进行研究，并提出处理意见。

3. 验收鉴定书中验收结论的主要内容有：

（1）所含分部工程质量全部合格。

（2）质量事故已按要求进行处理。

（3）工程外观质量得分率为75%。

（4）单位工程施工质量检验与评定资料基本齐全。

（5）工程施工期及试运行期，单位工程观测资料分析结果符合国家和行业技术标准以及合同约定的标准要求。

4. 单位工程验收工作组还应包括勘测、主要设备制造商和运行管理单位的代表。质量和安全监督机构应派员列席验收会议。法人验收监督管理机关可视情况决定是否列席验收会议。

5. A—漏洞；B—管涌；C—漫溢；D—坝体决口；E—启闭失灵。

6. 除合同工程完工验收情况外，保修书的内容还应包括：

质量保修的范围；质量保修的内容；质量保修期；质量保修责任；质量保修费用；其他。

（三）

1. 合同价款 = 5000 × 8. 5 + 1400 × 720 + 600 × 170 + 600 × 680 + 720150 + 1300 × 11. 2 = 1683060. 00 元。

预付款额 = 1683060×10% = 168306. 00 元。

新增“上游护底换土”后合同总价 = 1683060+1000×22. 5 = 1705560. 00 元。

2. 第 2 个月的工作及其工作时间分别为：翼墙施工 5d，钢筋混凝土铺盖 20d，上游护底 5d，上游护坡 15d，墙后回填 15d。

第 2 个月的工程进度款 = 1400×720÷30×5+600×170÷40×15+600×680+720×150÷30× 5+1300×11. 2 = 646810. 00 元。

本工程工期 = 5+30+20+30 = 85d，约为 3 个月。

第 2 个月扣还的预付款 = 168306. 00÷3 = 56102. 00 元。

第 2 个月扣留的保留金 = 646810. 00×3% = 19404. 30 元。

第 2 个月的实际支付款 = 646810. 00−56102. 00−19404. 30 = 571303. 70 元。

3. 施工单位提出的增加临时设施费的要求不合理。

理由：保证安全的临时设施费已包括在合同价款内。

4. 上游翼墙墙后回填土施工应注意的主要问题：采用高塑性土回填，其回填范围、回填土料的物理力学性质、含水率、压实标准应满足设计要求。

（四）

1. 事件 1 中承包人提交的开工报审表主要内容：按合同进度计划正常施工所需的施工道路、临时设施、材料设备、施工人员等施工组织措施的落实情况以及工程进度安排。

2. 控制性节点工期 T 的最迟时间为 2017 年 5 月 30 日。

理由：施工期间泄洪闸与灌溉涵洞应互为导流，因灌溉涵洞在第二个非汛期施工，泄洪闸加固应安排在第一个非汛期，而 6 月份进入主汛期（在 5 月 30 日前应具备通水条件）。

3. 大坝加固项目施工进度计划（图 5）应修订的主要内容包括：

（1）A 工作增加节点②（A 工作后增加虚工作）。

（2）节点⑤、⑥之间增加虚工作（B 工作应是 F 的紧前工作）。

（3）工作 H 与 C 先后对调。

（4）工作 H、C 时间分别为 50 和 90。

或：承包人修订后的大坝加固项目施工进度计划，如图 7 所示。

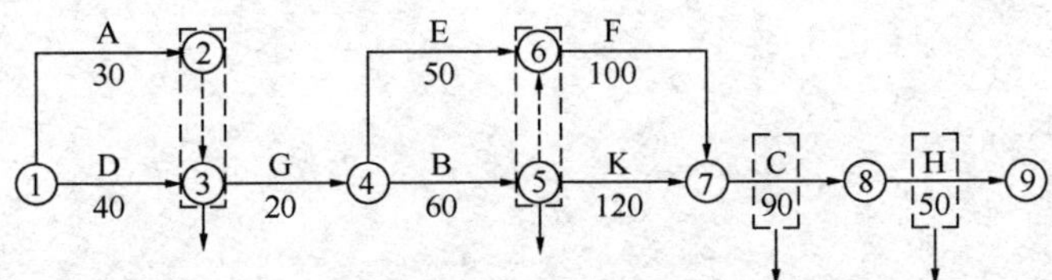

图 7　修订后的大坝加固项目施工进度计划

4. 按计划，F 工作最早完成日期为 2017 年 5 月 10 日，在施工条件不变情况下，增加 12%的工程量，工作时间需延长 12d（100×12%＝12），F 工作将于 2017 年 5 月 22 日完成，F 工作的总时差为 20d 对安全度汛无影响。

5. 2018 年 2 月份发包人应支付承包人工程款的计算如下：

（1）2 月份监理人认可的已实施工程价款：98 万元。

（2）工程预付款扣回金额：220－211. 43＝8. 57 万元。

截至 2018 年 1 月底合同累计完成金额 1920 万元，相应工程预付款扣回金额按公式计算结果为 211. 43 万元。

截至 2018 年 2 月底合同累计完成金额 2018 万元，相应工程预付款扣回金额按公式计算结果为 225. 43 万元。225. 43 万元>220 万元（2200×10%）

（3）工程质量保证金扣留额：98×3%＝2. 94 万元。

（4）发包人应支付的工程款：98－8. 57－2. 94＝86. 49 万元。

《水利水电工程管理与实务》

考前冲刺试卷（二）及解析

《水利水电工程管理与实务》考前冲刺试卷（二）

一、单项选择题（共20题，每题1分。每题的备选项中，只有1个最符合题意）

1. 混凝土在运输过程中，应尽量缩短运输时间和转运次数，转运时，混凝土自由跌落高度不大于（　　）m，否则应加设缓降器以防止混凝土骨料分离。

A. 1　　B. 4

C. 2　　D. 3

2. 坝袋段是橡胶坝的主体，主要包括底板、坝袋、边墩和中墩等。其中，中墩的作用主要是（　　）。

A. 减小坝肩　　B. 分隔坝段

C. 挡土　　D. 挡水

3. 下列导流方式中，属于混凝土坝分段围堰法导流方式的是（　　）导流。

A. 底孔　　B. 隧洞

C. 涵管　　D. 明渠

4. 缓凝剂适用于（　　）的混凝土。

A. 低温季节施工　　B. 有早强要求

C. 采用蒸汽养护　　D. 长距离运输

5. 以端进法抛投块料进占戗堤的截流方法是（　　）。

A. 立堵法　　B. 平堵法

C. 塞堵法　　D. 盖堵法

6. 对堆石坝垫层料进行渗透稳定性检查时，其颗分取样部位应为（　　）。

A. 较低处　　B. 中心处

C. 界面处　　D. 较高处

7. 下列地基处理方法中，对软基和岩基均适用的方法是（　　）。

A. 旋喷桩　　B. 排水法

C. 挤实法　　D. 灌浆法

8. 下列关于混凝土裂缝处理要求的表述，正确的是（　　）。

A. 一般裂缝宜在低水头或地下水位较低时修补

B. 水下裂缝一定要在水位低于裂缝时修补

C. 对受气温影响的裂缝，宜在高温季节裂缝开度较小的情况下修补

D. 对不受气温影响的裂缝，宜在低温季节裂缝开度较大的情况下修补

9. 根据水利水电工程施工安全用电要求，在导电良好的地面、锅炉或金属容器内工作的照明电源的最大电压为（　　）V。

A. 12　　B. 24

C. 36　　D. 38

10. 水利水电工程钢管脚手架剪刀撑的斜杆与水平面的交角宜在（　　）之间。

A. 30°~75°　　B. 30°~60°

C. 45°~60°　　D. 45°~75°

11. 根据《水利工程建设项目管理规定》（试行）（2016年修订）（水建［1995］128号），在水利工程建设施工中，不属于前期工作的是（　　）。

A. 项目建议书　　B. 可行性研究报告

C. 招标设计　　D. 初步设计

12. 下列提高混凝土拌合料温度的措施中，错误的是（　　）。

A. 热水拌合　　B. 预热细集料

C. 预热粗集料　　D. 预热水泥

13. 某施工单位承担一水电站工程项目施工，其中施工单位可以分包的工程项目是（　　）。

A. 坝体填筑　　B. 泵站

C. 电站厂房　　D. 尾水渠护坡

14. 根据《水利水电工程标准施工招标文件》（2009年版），下列不属于发包人义务的是（　　）。

A. 提供施工场地　　B. 工程的维护和照管

C. 协助承包人办理证件和批件　　D. 组织法人验收

15. 下列降低混凝土出机口温度措施中，不包括（　　）。

A. 采用风冷时冷风温度宜比集料冷却终温低15℃，且经风冷的集料终温不应低于5℃

B. 喷淋冷水的水温不宜低于2℃

C. 加冰时宜采用片冰

D. 碾压混凝土加冰率不宜超过总水量的50%

16. 水利工程项目施工管理机制中，下列可以不是承包人本单位的人员是（　　）。

A. 安全管理人员　　B. 进度管理人员

C. 质量管理人员　　D. 项目负责人

17. 根据《大中型水电工程建设风险管理规范》GB/T 50927—2013，对于水利水电工程损失大、概率大的灾难性风险，应采取风险处置方法是（　　）。

A. 风险缓解　　B. 风险自留

C. 风险规避　　D. 风险利用

18. 某水利工程验收委员会由9人组成，根据《水利水电建设工程验收规程》SL 223—2008，该工程验收结论至少应经（　　）人同意。

A. 5　　B. 6

C. 7　　D. 8

19. 关于爆破技术，（　　）可以进一步分为松动爆破、抛掷爆破和定向爆破。

A. 洞室爆破　　B. 浅孔爆破法

C. 光面爆破法　　D. 预裂爆破法

20. 根据《水法》规定，堤防工程的护堤地属于（　　）。

A. 工程管理范围　　B. 工程效益范围

C. 工程保护范围　　D. 限制生产建设活动范围

二、多项选择题（共10题，每题2分。每题的备选项中，有2个或2个以上符合题意，至少有1个错项。错选，本题不得分；少选，所选的每个选项得0.5分）

21. 土坝设置防渗体的作用是（　　）。

A. 减少通过坝体的渗流量　　B. 减少通过坝基的渗流量

C. 增加上游坝坡的稳定性　　D. 增大渗透坡降

E. 降低浸润线

22. 下列水工建筑物中，属于渠系建筑物的有（　　）。

A. 渡槽　　B. 倒虹吸管

C. 跌水　　D. 堤防

E. 涵洞

23. 水利水电工程测量误差按其产生的原因和对测量结果影响性质的不同分为（　　）。

A. 人为误差　　B. 仪器误差

C. 系统误差　　D. 偶然误差

E. 粗差

24. 抛投块料截流按不同的抛投合龙方法分为（　　）。

A. 塞堵　　B. 平堵

C. 盖堵　　D. 立堵

E. 混合堵

25. 确定龙口宽度及位置应遵循（　　）原则。

A. 截流龙口位置宜设于河床水深较浅部位

B. 截流龙口位置宜设于河床覆盖层较厚部位

C. 龙口工程量大

D. 龙口预进占戗堤布置应便于施工

E. 应考虑进占堤头稳定及河床冲刷因素

26. 根据《水利工程设计变更管理暂行办法》（水规计［2012］93号），下列设计变更中，属于重大设计变更的有（　　）。

A. 水库总库容变化　　B. 水闸机电及金属结构轻微设计变化

C. 大中型电站或泵站的装机容量发生重大变化

D. 堤防线路局部变化　　E. 河道治理范围发生重大变化

27. 水利工程建设程序中，立项过程包括（　　）阶段。

A. 规划　　B. 评估

C. 项目建议书　　D. 可行性研究报告

E. 初步设计

28. 在水利工程建设实施阶段，质量监督机构监督的对象包括（　　）。

A. 建设单位　　B. 设计单位

C. 施工单位　　D. 监理单位

E. 运行管理单位

29. 根据《水利水电工程施工质量检验与评定规程》SL 176—2007，水利水电工程施工质量评定结论须报质量监督机构核备的有（　　）。

A. 重要隐蔽单元工程　　B. 关键部位单元工程
C. 单位工程　　D. 工程外观
E. 工程项目

30. 水利水电工程注册建造师执业工程范围包括（　　）等。
A. 桥梁　　B. 隧道
C. 消防设施　　D. 无损检测
E. 起重设备安装

三、实务操作和案例分析题（共4题，每题20分）

（一）

背景资料：

某河道治理工程包括新建泵站、新建堤防工程。本工程采用一次拦断河床围堰导流，上下游围堰采用均质土围堰。该工程地面高程30.00m，泵站主体工程设计建基面高程22.90m。

本工程混凝土采用泵送，现场布置有混凝土拌合系统、钢筋加工厂、木工厂、油库、塔吊、办公生活区、地磅等临时设施。根据有利生产、方便生活、易于管理、安全可靠、成本最低的原则，进行施工现场布置，平面布置示意图如图1所示。

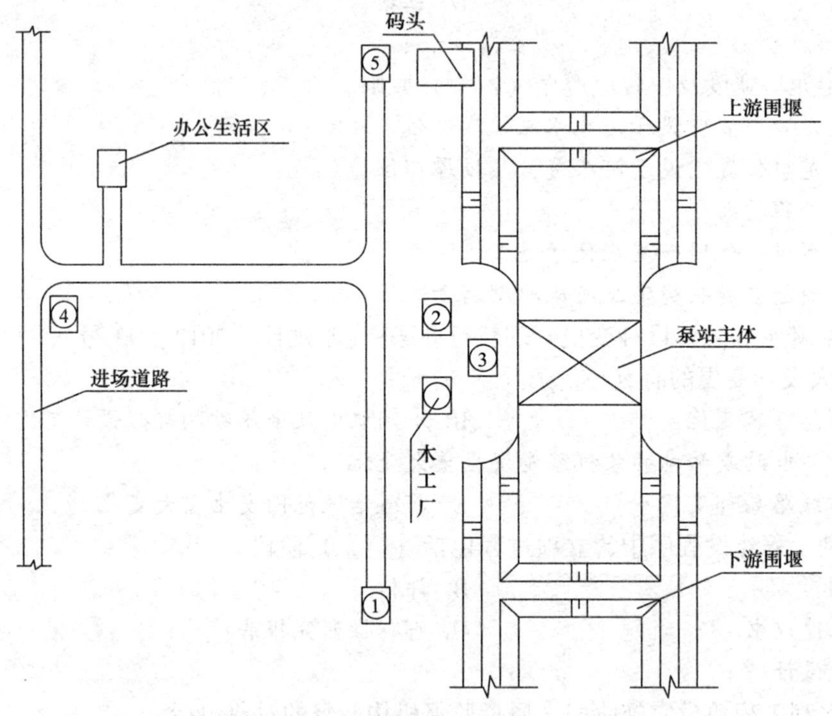

图1　平面布置示意图

施工中发生如下事件：

事件1：基坑初期排水过程中，上游来水致使河道水位上升，上游围堰基坑侧发生滑坡。

事件2：施工单位土方开挖采用反铲挖掘机一次性开挖到22.90m高程。

事件3：启闭机平台简支梁断面示意图如图2所示，梁长6m，保护层25mm，因该工程箍筋A8钢筋备量不足，拟采用A6或B6钢筋代换，A6抗拉强度按210MPa，B6抗拉强度按310MPa计算。

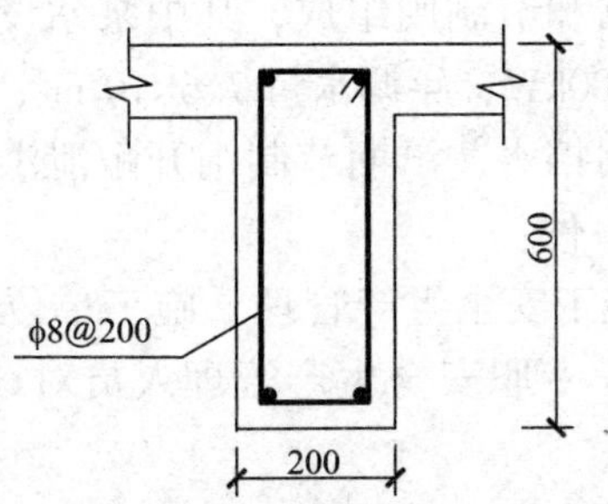

图2　简支梁断面示意图（单位：mm）

事件4：新建堤防迎水面采用混凝土预制块护坡。根据《水利水电建设工程验收规程》SL 223—2008，堤防工程竣工验收前，检测单位对混凝土预制块护坡质量进行抽检。

问题：

1. 指出示意图中代号①、②、③、④、⑤所对应的临时设施名称。

2. 事件1中，基坑初期排水总量由哪几部分组成？指出围堰滑坡的可能原因，应如何处理？

3. 指出事件2中的错误之处，并提出合理的施工方法。

4. 写出泵站主体结构基础土方开挖单元工程质量评定工作的组织要求。

5. 根据事件3：

（1）画出箍筋示意图并注明尺寸。

（2）计算箍筋单根下料长度。（箍筋调整值按16.5d计算，计算结果取整数，单位：mm）

（3）单根梁需要的箍筋根数。

（4）分别计算A6及B6代替A8的理论箍筋间距值。（计算结果取整数，单位：mm）

6. 写出事件4中质量抽检的主要内容。

（二）

背景资料：

某调水枢纽工程主要由泵站和节制闸组成，其中泵站设计流量 120m^3/s，安装 7 台机组（含备机 1 台），总装机容量 11900kW，年调水量 7.6×10^{8}m^3；节制闸共 5 孔，单孔净宽 8.0m，非汛期（含调水期）节制闸关闭挡水，汛期节制闸开敞泄洪，最大泄洪流量 750m^3/s。该枢纽工程在施工过程中发生如下事件：

事件 1：为加强枢纽工程施工安全生产管理，施工单位在现场设立安全生产管理机构，配备了专职安全生产管理人员，专职安全生产管理人员对该项目的安全生产管理工作全面负责。

事件 2：基坑开挖前，施工单位编制了施工组织设计，部分内容如下：

（1）施工用电从附近系统电源接入，现场设临时变压器一台。

（2）基坑开挖采用管井降水，开挖边坡坡比 1∶2，最大开挖深度 9.5m。

（3）泵站墩墙及上部厂房采用现浇混凝土施工，混凝土模板支撑最大搭设高度 15m，落地式钢管脚手架搭设高度 50m。

（4）闸门、启闭机及机电设备采用常规起重机械进行安装，最大单件吊装重量 150kN。

事件 3：泵站下部结构施工时正值汛期，某天围堰下游发生管涌，由于抢险不及时，导致围堰决口基坑进水，部分钢筋和钢构件受水浸泡后锈蚀。该事故后经处理虽然不影响工程正常使用，但对工程使用寿命有一定影响。事故处理费用 70 万元（人民币），延误工期 40d。

问题：

1. 根据《水利水电工程等级划分及洪水标准》SL 252—2017，说明枢纽工程等别、工程规模和主要建筑物级别。

2. 指出并改正事件 1 中的不妥之处。专职安全生产管理人员的主要职责有哪些？

3. 根据《水利水电工程施工安全管理导则》SL 721—2015，说明事件二施工组织设计中，哪些单项工程需要组织专家对专项施工方案进行审查论证。

4. 根据《水利工程质量事故处理暂行规定》（水利部令第 9 号），说明水利工程质量事故分为哪几类，事件 3 中的质量事故属于哪一类？该事故应由哪些单位或部门组织调查组进行调查？调查结果报哪个单位或部门核备？

（三）

背景资料：

某水电站枢纽工程由碾压式混凝土重力坝、坝后式电站、溢洪道等建筑物组成；其中重力坝最大坝高 46m，坝顶全长 290m；电站装机容量 20 万 kW，采用地下升压变电站。某施工单位承担该枢纽工程施工，工程施工过程中发生如下事件：

事件 1：地下升压变电站项目划分为一个单位工程，其中包含开关站（土建）、其他电气设备安装、操作控制室等分部工程。

事件 2：施工单位根据本工程特点进行了施工总布置，确定施工分区规划布置应遵守的部分原则如下：

（1）金属结构、机电设备安装场地宜靠近主要安装地点。

（2）施工管理及生活营区的布置应考虑风向、日照等因素，与生产设施有明显界限。

（3）主要物资仓库、站场等储运系统宜布置在场内外交通衔接处。

事件 3：开工前，施工单位在现场设置了混凝土制冷（热）系统等主要施工工厂设施。

事件 4：施工单位根据《水利水电工程施工组织设计规范》SL 303—2017 计算本工程混凝土生产系统小时生产能力 P，相关参数为：混凝土高峰月浇筑强度为 15 万 m^3，每月工作日数取 25d，每日工作时数取 20h，小时不均匀系数取 1.5。

事件 5：本枢纽工程导（截）流验收前，经检查，验收条件全部具备，其中包括：

（1）截流后壅高水位以下的移民搬迁及库底清理已完成并通过验收。

（2）碍航问题已得到解决。

（3）满足截流要求的水下隐蔽工程已完成等。

项目法人主持进行了该枢纽工程导（截）流验收，验收委员会由竣工验收主持单位、设计单位、监理单位、质量和安全监督机构、地方人民政府有关部门、运行管理单位的代表及相关专家等组成。

问题：

1. 根据《水利水电工程施工质量检验与评定规程》SL 176—2007，指出事件 1 中该单位工程应包括的其他分部工程名称；该单位工程的主要分部工程是什么？

2. 指出事件 2 中施工分区规划布置还应遵守的其他原则。

3. 结合本工程具体情况，事件 3 中主要施工工厂设施还应包括哪些？

4. 计算事件 4 中混凝土生产系统单位小时生产能力 P。

5. 根据《水利水电建设工程验收规程》SL 223—2008，补充说明事件 5 中导（截）流验收具备的其他条件。

6. 根据《水利水电建设工程验收规程》SL 223—2008，指出并改正事件 5 中导（截）流验收组织的不妥之处。

（四）

背景资料：

某河道整治工程的主要施工内容有河道疏浚、原堤防加固、新堤防填筑等。承包人依据《水利水电工程标准施工招标文件》（2009年版）与发包人签订了施工合同，工期9个月（每月按30d计，下同），2015年10月1日开工。

承包人编制并经监理人同意的进度计划如图3所示。

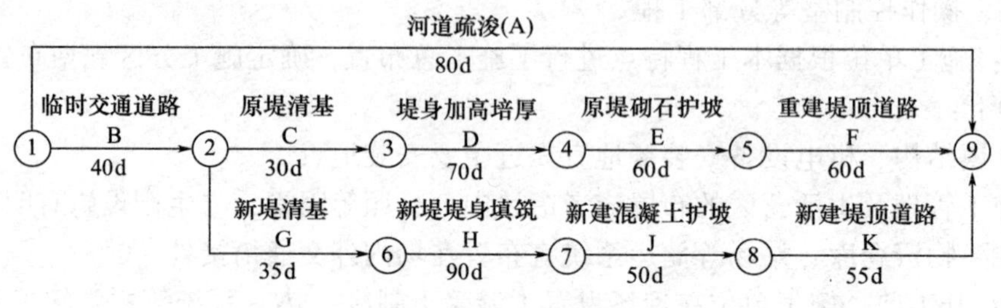

图3　施工进度计划图

本工程施工中发生以下事件：

事件1：工程如期开工，但因征地未按期完成，导致“临时交通道路”推迟20d完成。发包人要求承包人采取赶工措施，保证工程按合同要求的工期目标完成。承包人确定了工期优化方案：（1）“原堤防加固”按增加费用最小原则进行工期优化，相应的工期优化—费用关系见表1。（2）“新堤填筑”采用增加部分关键工作的施工班组，组织平行施工优化工期，计划调整—费用增加情况见表2。（3）河道疏浚计划于2015年12月1日开始。

“原堤防加固”工期优化—费用表　　**表1**

代码	工作名称	计划工作时间（d）	最短工作时间（d）	费用增加率（万元/d）
C	原堤清基	30	30	—
D	堤身加高培厚	70	65	2.6
E	原堤砌石护坡	60	58	2.4
F	重建堤顶道路	60	45	2.8

“新堤填筑”计划调整—费用增加表　　**表2**

代码	工作名称	工作时间（d）	紧前工作	增加费用（万元）
G	新堤清基	35	—	—
H1	新堤堤身填筑Ⅰ	80	G	25
H2	新堤堤身填筑Ⅱ	30	G	
J1	新建混凝土护坡Ⅰ	40	H1	22
J2	新建混凝土护坡Ⅱ	20	H2	
K	新建堤顶道路	55	J1、J2	—

项目部按优化方案编制调整后的进度计划及赶工措施报告，并上报监理人批准。

事件2：项目经理因患病经常短期离开施工现场就医。鉴于项目经理健康状况，承包人按合同规定履行相关程序后，更换了项目经理。

事件3：承包人在取得合同工程完工证书后，向监理人提交了完工付款申请（包括发包人已支付承包人的工程款），并提供了相关证明材料。

事件4：承包人在编制竣工图时，对其中图面变更超过1/3的施工图进行了重新绘制，并按档案验收要求进行编号和标注。

问题：

1. 根据事件1，用双代号网络图绘制从2015年12月1日起的优化进度计划，计算赶工所增加的费用。

2. 根据事件2，分别说明项目经理短期离开施工现场和承包人更换项目经理应履行的程序。

3. 根据事件3，承包人提交的完工付款申请单中，除发包人已支付承包人的工程款外，还应有哪些内容？

4. 事件4中承包人重新绘制的竣工图应如何编号？竣工图图标栏中应标注的内容有哪些？

考前冲刺试卷（二）参考答案及解析

一、单项选择题

1. C；	2. B；	3. A；	4. D；	5. A；
6. C；	7. D；	8. A；	9. A；	10. C；
11. C；	12. D；	13. D；	14. B；	15. A；
16. B；	17. C；	18. B；	19. A；	20. A。

【解析】

1. C。本题考核的是混凝土的运输。混凝土在运输过程中，应尽量缩短运输时间和转运次数，转运时，混凝土自由跌落高度不大于2m，否则，应加设缓降器（料槽等）以防止混凝土骨料分离。

2. B。本题考核的是中墩的作用。中墩的作用主要是分隔坝段，安放溢流管道，支承枕式坝两端堵头。

3. A。本题考核的是分期围堰法导流。通过建筑物导流的主要方式包括设置在混凝土坝体中的底孔导流，混凝土坝体上预留缺口导流、梳齿孔导流，平原河道上的低水头河床式径流电站可采用厂房导流，个别高、中水头坝后式厂房，通过厂房导流等。这种方式多用于分期导流的后期阶段。

4. D。本题考核的是缓凝剂的适用范围。缓凝剂具有缓凝、减水和降低水化热等的作用，对钢筋也无锈蚀作用。主要适用于大体积混凝土、炎热气候下施工的混凝土，以及需长时间停放或长距离运输的混凝土。

5. A。本题考核的是立堵截流。立堵截流是用自卸汽车或其他运输工具运来抛投料，以端进法抛投（从龙口两端或一端下料）进占戗堤，逐渐束窄龙口，直至全部拦断。

6. C。本题考核的是堆石体施工质量控制。垫层料（包括周边反滤料）需作颗分、密度、渗透性及内部渗透稳定性检查，检查稳定性的颗分取样部位为界面处。

7. D。本题考核的是不同地基处理的适用方法。岩基处理适用方法有灌浆、局部开挖回填等。软土地基处理的适用方法有开挖、桩基础、置换法、排水法、挤实法、高压喷射灌浆等。

8. A。本题考核的是混凝土裂缝处理要求。一般裂缝宜在低水头或地下水位较低时修补，而且要在适宜于修补材料凝固的温度或干燥条件下进行；水下裂缝如果必须在水下修补时，应选用相应的材料和方法；对受气温影响的裂缝，宜在低温季节裂缝开度较大的情况下修补；对不受气温影响的裂缝，宜在裂缝已经稳定的情况下选择适当的方法修补。

9. A。本题考核的是水利水电工程施工现场照明的相关规定。在特别潮湿的场所、导电良好的地面、锅炉或金属容器内工作的照明电源电压不得大于12V。

10. C。本题考核的是脚手架安装搭设应符合的要求。剪刀撑、斜撑等整体拉结件和连墙件与脚手架应同步设置，剪刀撑的斜杆与水平面的交角宜在45°~60°之间。

11. C。本题考核的是水利工程建设项目阶段划分。水利工程建设程序一般分为：项目建议书、可行性研究报告、施工准备、初步设计、建设实施、生产准备、竣工验收、后评价等阶段。一般情况下，项目建议书、可行性研究报告、初步设计称为前期工作。

12. D。本题考核的是混凝土制热。低温季节混凝土施工时，提高混凝土拌合料温度宜用热水拌合及进行集料预热，水泥不应直接加热。

13. D。本题考核的是项目法人分包管理职责。水利建设工程的主要建筑物的主体结构不得进行工程分包。主要建筑物是指失事以后将造成下游灾害或严重影响工程功能和效益的建筑物，如堤坝、泄洪建筑物、输水建筑物、电站厂房和泵站等。主要建筑物的主体结构，由项目法人要求设计单位在设计文件或招标文件中明确。

14. B。本题考核的是发包人的义务。发包人的义务包括：(1) 遵守法律。(2) 发出开工通知。(3) 提供施工场地。(4) 协助承包人办理证件和批件。(5) 组织设计交底。(6) 支付合同价款。(7) 组织法人验收。(8) 专用合同条款约定的其他义务和责任。选项B属于承包人的义务。

15. A。本题考核的是混凝土生产过程温度控制。选项A错误，采用风冷时冷风温度宜比集料冷却终温低10℃，且经风冷的集料终温不应低于0℃。

16. B。本题考核的是承包单位分包的管理职责。承包人和分包人应当设立项目管理机构，组织管理所承包或分包工程的施工活动。其中项目负责人、技术负责人、财务负责人、质量管理人员、安全管理人员必须是本单位人员。

17. C。本题考核的是风险处置方法的采用应符合的原则。风险控制应采取经济、可行、积极的处置措施，具体风险处置方法有：风险规避、风险缓解、风险转移、风险自留、风险利用等方法。处置方法的采用应符合以下原则：(1) 损失大、概率大的灾难性风险，应采取风险规避。(2) 损失小、概率大的风险，宜采取风险缓解。(3) 损失大、概率小的风险，宜采用保险或合同条款将责任进行风险转移。(4) 损失小、概率小的风险，宜采用风险自留。(5) 有利于工程项目目标的风险，宜采用风险利用。

18. B。本题考核的是水利水电工程验收的基本要求。工程验收结论应经2/3以上验收委员会（工作组）成员同意。

19. A。本题考核的是洞室爆破。洞室爆破是指在专门设计开挖的洞室内装药爆破的一种方法。洞室用平洞或竖井相连，装药后将平洞或竖井堵塞。可以进一步分为松动爆破、抛掷爆破和定向爆破。

20. A。本题考核的是水工程的管理范围和保护范围。水工程的管理范围是指为了保证工程设施正常运行管理的需要而划分的范围，如堤防工程的护堤地等。保护范围是指为了防止在工程设施周边进行对工程设施安全有不良影响的其他活动，满足工程安全需要而划定的一定范围。

二、多项选择题

21. A、B、E；	22. A、B、C、E；	23. C、D、E；
24. B、D、E；	25. A、D、E；	26. A、C、E；
27. C、D；	28. A、B、C、D；	29. A、B；
30. C、D、E。		

【解析】

21. A、B、E。本题考核的是土坝设置防渗体的作用。土坝设置防渗体的作用是：减少通过坝体和坝基的渗流量；降低浸润线，增加下游坝坡的稳定性；降低渗透坡降，防止渗透变形。

22. A、B、C、E。本题考核的是渠系建筑物。在渠道上修建的水工建筑物称为渠系建筑物，它使渠水跨过河流、山谷、堤防、公路等。类型主要有渡槽、涵洞、倒虹吸管、跌水与陡坡等。

23. C、D、E。本题考核的是误差的分类。误差按其产生的原因和对观测结果影响性质的不同，可以分为系统误差、偶然误差和粗差三类。

24. B、D、E。本题考核的是抛投块料截流。抛投块料截流是最常用的截流方法，特别适用于大流量、大落差的河道上的截流。该法是在龙口抛投石块或人工块体（混凝土方块、混凝土四面体、铅丝笼、竹笼、柳石枕、串石等）堵截水流，使河水经导流建筑物下泄。采用抛投块料截流，按不同的抛投合龙方法可分为平堵、立堵、混合堵三种。

25. A、D、E。本题考核的是龙口位置的选择。选项B错误，截流龙口位置宜设于河床覆盖层较薄部位。选项C错误，龙口工程量小。

26. A、C、E。本题考核的是水利工程设计变更。选项A、C、E属于重大设计变更。选项B、D属于一般设计变更。

27. C、D。本题考核的是水利工程建设程序。一般情况下，项目建议书、可行性研究报告、初步设计称为前期工作。立项过程包括项目建议书和可行性研究报告阶段。

28. A、B、C、D。本题考核的是施工质量监督。工程建设、监理、设计和施工单位在工程建设阶段，必须接受质量监督机构的监督。

29. A、B。本题考核的是施工质量评定工作的组织要求。重要隐蔽单元工程及关键部位单元工程质量经施工单位自评合格、监理单位抽检后，由项目法人（或委托监理）、监理、设计、施工、工程运行管理（施工阶段已经有时）等单位组成联合小组，共同检查核定其质量等级并填写签证表，报工程质量监督机构核备。选项C、D、E应报质量监督机构核定。注意，分部工程应报质量监督机构核备，大型枢纽工程主要建筑物的分部工程应报质量监督机构核定。

30. C、D、E。本题考核的是水利水电工程注册建造师执业工程范围。水利水电工程注册建造师执业工程范围包括水利水电、土石方、地基与基础、预拌商品混凝土、混凝土预制构件、钢结构、建筑防水、消防设施、起重设备安装、爆破与拆除、水工建筑物基础处理、水利水电金属结构制作与安装、水利水电机电设备安装、河湖整治、堤防、水工大坝、水工隧洞、送变电、管道、无损检测、特种专业。

三、实务操作和案例分析题

（一）

1. 平面布置示意图中①、②、③、④、⑤所对应的临时设施名称分别为：①为油库；②为钢筋加工厂；③为塔式起重机；④为地磅；⑤为混凝土拌合系统。

2. 事件1中，基坑初期排水总量由基坑积水量、抽水过程中围堰及地基渗水量，堰身及基坑覆盖层中的含水量，以及可能的降水量等组成。

围堰滑坡的可能原因及其处理措施如下：

（1）围堰滑坡原因：①外河水位上升，围堰浸润线抬高；②基坑抽水速度过快。

(2) 处理措施：①加固围堰；②降低基坑排水速度，开始降速为 0.5~0.8m/d 为宜，接近排干时可允许达到 1.0~1.5m/d。

3. 事件 2 中错误之处的判断及其合理施工方法如下：

不妥之处：施工单位土方开挖采用反铲挖掘机一次性开挖到 22.90m 高程。

合理的施工方法：应分层开挖，临近设计建基面高程时，应留出 0.2~0.3m 的保护层人工开挖。

4. 泵站主体结构基础土方开挖单元工程质量评定工作的组织要求：经施工单位自评合格，监理单位抽检后，由项目法人（或委托监理）、监理、设计、施工、工程运行管理（施工阶段已经成立）等单位组成联合小组，共同检查核定其质量等级并填写签证表，报工程质量监督机构核备。

5. 根据事件 3 中简支梁断面示意图及相关数据画图及其计算如下：

(1) 箍筋示意图如图 4 所示。

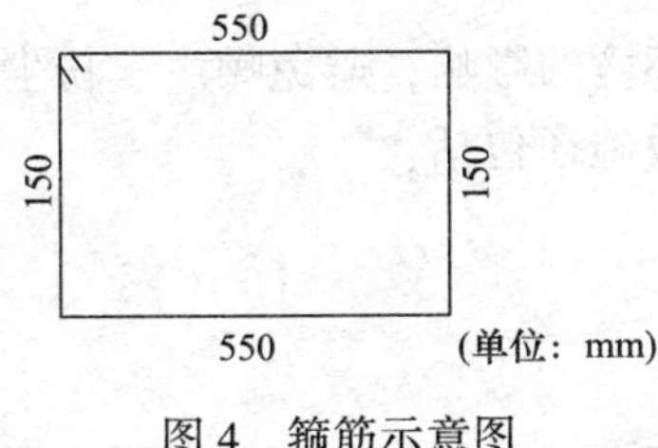

图 4 箍筋示意图

(2) 箍筋单根下料长度 $L=(550+150)\times 2+16.5\times 8=1532$mm。

(3) 单根梁需要的箍筋根数 $=(6000-25\times 2)\div 200+1=31$ 根。

(4) A6 代替 A8 间距 $=\dfrac{3\times\pi}{4\times 4\times\pi}\times 200=113$ (mm)

B6 代替 A8 间距 $=\dfrac{3\times 3\times\pi\times 310}{4\times 4\times\pi\times 210}\times 200=166$ (mm)

6. 事件 4 中混凝土预制块护坡抽检的主要内容：预制块厚度、平整度、缝宽。

(二)

1. 根据《水利水电工程等级划分及洪水标准》SL 252—2017，枢纽工程等别为Ⅱ等，工程规模为大（2）型，主要建筑物级别为 2 级。

2. 事件 1 中的不妥之处：专职安全生产管理人员对该项目的安全生产管理工作全面负责。

正确做法：施工单位主要负责人对本单位的安全生产工作全面负责；项目负责人（项目经理）对本项目安全生产管理全面负责。

专职安全生产管理人员的主要职责：

(1) 负责对安全生产进行现场监督检查。

(2) 发现安全事故隐患，应及时向项目负责人和安全生产管理机构报告。

(3) 对违章指挥，违章操作的，应当立即制止。

3. 事件 2 的施工组织设计中，需组织专家审查论证专项施工方案的单项工程有：深基坑工程（或基坑开挖、降水工程）、混凝土模板支撑工程、钢管脚手架工程。

4. 事件3中，水利工程质量事故分为四类，分别是一般质量事故、较大质量事故、重大质量事故和特大质量事故。

事件3中的质量事故类型：属于较大质量事故。

事故调查组织部门：该事故应由项目主管部门组织调查组进行调查。

事故调查结果核备部门：调查结果报上级主管部门批准并报省级水行政主管部门核备。

（三）

1. 事件1中单位工程还应包括的其他分部工程名称：变电站（土建）、主变压器安装、交通洞。

该单位工程的主要分部工程：主变压器安装。

2. 施工分区规划布置还应遵守以下原则：

（1）因本工程是以混凝土建筑物为主的枢纽工程，故施工区布置应以砂石料加工和混凝土生产系统为主。

（2）还应考虑施工对周围环境的影响，避免噪声、粉尘等污染对敏感区的危害。

3. 事件3中主要施工工厂设施还包括：

（1）混凝土生产系统。

（2）砂石料加工系统。

（3）风、水、电供应系统。

（4）综合加工厂（钢筋加工厂、木材加工厂、混凝土预制构件厂）。

（5）机械修配厂。

4. 事件4中混凝土生产系统单位小时生产能力 P 的计算如下：

$$P=\frac{1.5\times150000}{25\times20}=450\text{m}^3/\text{h}$$

5. 事件5中导（截）流验收具备的条件有：

（1）导流工程已基本完成并具备过流条件。

（2）截流设计已获批准，截流方案已编制完成。

（3）度汛方案已经有管辖权的防汛指挥部门批准。

（4）验收文件、资料已齐全、完整。

6. 事件5中导（截）流验收组织的不妥之处及改正如下：

（1）不妥之处：项目法人主持。

改正：应由竣工验收主持单位或其委托的单位主持。

（2）不妥之处：设计、监理单位为验收委员会成员。

改正：应是被验收单位。

（四）

1. 双代号网络图的绘制及赶工费用的计算如下：

B工作延误20d后，优化后续工作的网络图如图5所示。

赶工所增加的费用：2.6×5+2.4×2+2.8×3+25+22=73.2万元。

2. 项目经理短期离开施工现场应履行的程序：事先征得监理人同意，并委派代表代行其职责。

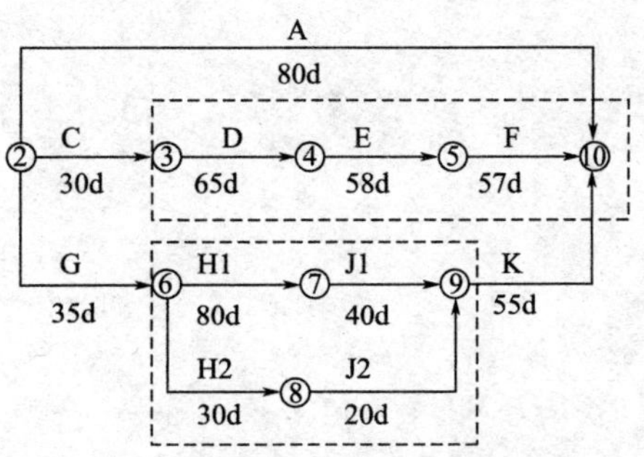

图 5　优化后续工作的网络图

项目经理更换应履行的程序：事先征得发包人同意，并在更换 14d 前通知发包人和监理人。

3. 承包人提交完工付款申请单中，除发包人已支付承包人的工程款外，还应有完工结算合同总价、应扣留的质量保证金、应支付的完工付款金额。

4. 重新绘制的竣工图编号为原图编号，竣工图图标栏中应注明的内容：竣工阶段、绘制竣工图的时间、单位、责任人。

《水利水电工程管理与实务》

考前冲刺试卷（三）及解析

《水利水电工程管理与实务》考前冲刺试卷（三）

一、单项选择题（共20题，每题1分。每题的备选项中，只有1个最符合题意）

1. 某土石坝工程施工高程超过上游围堰顶高程，其相应的拦洪库容为$0.5 \times 10^8 m^3$，该坝施工期临时度汛的洪水标准应为（　　）年一遇。

A. 20~50　　B. 50~100

C. 100~200　　D. 200~300

2. 在河堤的抢险、围海工程中较常使用的围堰类型是（　　）。

A. 土石围堰　　B. 袋装土围堰

C. 草土围堰　　D. 混凝土围堰

3. 在水泥品种一定的条件下，水泥浆的稀稠取决于水胶比的大小。当水胶比较小时，（　　）。

A. 水泥浆较稠，拌合物的黏聚性较差，泌水较多，但流动性较小

B. 水泥浆较稠，拌合物的黏聚性较好，泌水较少，但流动性较小

C. 水泥浆较稀，拌合物的黏聚性较差，泌水较多，但流动性较大

D. 水泥浆较稀，拌合物的黏聚性较好，泌水较少，但流动性较大

4. 某水电工程坐落在河谷狭窄、两岸地形陡峻、山岩坚实的山区河段，设计采用全段围堰法导流，此工程宜采用（　　）导流。

A. 束窄河床　　B. 明渠

C. 涵管　　D. 隧洞

5. 某土石坝地基采用固结灌浆处理，灌浆总孔数为200个，如用单点法进行简易压水试验，试验孔数最少需（　　）个。

A. 5　　B. 10

C. 15　　D. 20

6. 水利水电工程混凝土模板设计荷载中，属于特殊荷载的是（　　）。

A. 风荷载　　B. 混凝土重量

C. 施工人员重量　　D. 混凝土侧压力

7. 关于混凝土外加剂的说法，正确的是（　　）。

A. 掺入引气剂可提高混凝土的抗渗性、抗冻性和强度

B. 早强剂不适用于紧急抢修工程

C. 掺入适当减水剂能改善混凝土的耐久性

D. 高温季节大体积混凝土施工应掺速凝剂

8. 填筑土石坝的黏性土料含水量偏低时，应优先考虑在（　　）加水。

A. 压实前　　B. 铺料前

C. 整平前　　D. 料场

9. 关于水利水电工程高空作业的基本要求，下列说法错误的是（　　）。

A. 凡在坠落基准面 2m 或以上进行的作业称为高处作业

B. 高处作业分为一级高处作业、二级高处作业、三级高处作业、四级高处作业

C. 强风高处作业、雪天高处作业、带电高处作业属于特殊高处作业

D. 进行三级高处作业时，需事先编制专项安全施工方案

10. 关于爆破作业的说法，正确的是（　　）。

A. 可以使用香烟点燃导火索　　B. 装药、堵塞严禁使用金属棍棒

C. 连接导爆索中间允许出现打结现象　　D. 导爆索宜使用锋利的剪刀切断

11. 关于土石坝填筑作业的说法，正确的是（　　）。

A. 铺料宜垂直于坝轴线进行，超径块料应打碎

B. 按碾压测试确定的厚度辅料、整平

C. 黏性土含水量较低，应在压实前加水

D. 石渣料应在料场充分加水

12. 面板堆石坝坝体分区从迎水面到背水面依次是（　　）。

A. 过渡区、垫层区、主堆石区、次堆石料区

B. 垫层区、过渡区、主堆石区、次堆石料区

C. 垫层区、过渡区、次堆石料区、主堆石料区

D. 过渡区、垫层区、次堆石料区、主堆石料区

13. 根据《水利水电工程标准施工招标文件》（2009 年版），招标人应当自收到评标报告之日起（　　）日内公示中标候选人。

A. 3　　B. 5

C. 7　　D. 10

14. 根据《水利工程质量事故处理暂行规定》（水利部令第 9 号），在工程质量事故的类别中，（　　）是指对工程造成一定经济损失，经处理后不影响正常使用并不影响使用寿命的事故。

A. 质量缺陷事故　　B. 一般质量事故

C. 较大质量事故　　D. 重大质量事故

15. 根据《水电建设工程质量管理暂行办法》，设计单位推荐材料、设备时应遵循（　　）的原则。

A. 定型定厂　　B. 定型不定厂

C. 定厂不定型　　D. 不定型不定厂

16. 水利水电工程施工质量评定表中“质量等级”栏应由（　　）单位人员填写。

A. 质量监督　　B. 设计

C. 施工　　D. 监理

17. 对于基坑支护与降水工程，施工单位应当编制专项施工方案，并附具安全验算结果，经（　　）签字后实施。

A. 施工单位技术负责人和建设单位项目负责人

B. 项目经理和项目技术负责人

C. 施工单位技术负责人和总监理工程师

D. 项目经理和总监理工程师

18. 根据《水利工程施工监理规范》SL 288—2014，监理机构开展跟踪检测时，混凝土试样不应少于承包人检测数量的（　　）。

A. 3%　　B. 5%

C. 7%　　D. 10%

19. 根据《小型水电站建设工程验收规程》SL 168—2012，小水电站工程阶段验收的基本要求中，提出机组启动验收鉴定书后，应办理机组交接手续进行试生产运行，试生产最短期限为（　　）个月。

A. 12　　B. 6　　C. 1　　D. 3

20. 在水利水电工程注册建造师执业工程规模标准中，堤防工程的执业工程规模标准根据其（　　）确定。

A. 等别　　B. 级别

C. 投资额　　D. 保护面积

二、多项选择题（共10题，每题2分。每题的备选项中，有2个或2个以上符合题意，至少有1个错项。错选，本题不得分；少选，所选的每个选项得0.5分）

21. 用来确定叶片泵安装高程的性能参数有（　　）。

A. 扬程　　B. 效率

C. 流量　　D. 允许吸上真空高度

E. 必需汽蚀余量

22. 常见的边坡变形破坏类型有（　　）。

A. 松弛张裂　　B. 蠕动变形

C. 崩塌　　D. 滑坡

E. 沉陷

23. 反映钢筋塑性性能的基本指标包括（　　）。

A. 含碳量　　B. 屈服强度

C. 极限强度　　D. 伸长率

E. 冷弯性能

24. 水闸闸墩混凝土表面碳化的处理，可以采用（　　）等方法。

A. 贴条状砂浆修补法　　B. 水泥砂浆修补法

C. 喷浆修补法　　D. 喷混凝土修补法

E. 钻孔灌浆修补法

25. 水利工程建设项目管理“三项”制度是指（　　）。

A. 代建制　　B. 项目法人责任制

C. 招标投标制　　D. 政府监督制

E. 建设监理制

26. 关于施工场区施工通风、散烟及除尘的表述中，正确的有（　　）。

A. 机械通风分为三种基本形式，即压入式、吸出式和混合式

B. 竖井、斜井和短洞开挖宜采用压入式通风

C. 大断面长洞开挖宜采用吸出式通风

D. 小断面长洞开挖宜采用混合式通风

E. 洞内施工禁止使用汽油动力设备

27. 属于达到一定规模的危险性较大的单项工程的标准是（　　）。

A. 混凝土模板支撑工程搭设高度 7m

B. 搭设高度 45m 的落地式钢管脚手架工程

C. 提升高度 200m 及以上附着式整体和分片提升脚手架工程

D. 起重量 500kN 及以上的起重设备安装工程

E. 新型脚手架工程

28. 根据《水法》，在河道管理范围内限制进行的活动包括（　　）。

A. 建设码头　　B. 铺设跨河管道

C. 建设桥梁　　D. 弃置阻碍行洪的物体

E. 铺设跨河电缆

29.《水利部生产安全事故应急预案（试行）》（水安监［2016］443 号）中的应急管理工作原则包括（　　）。

A. 综合管制　　B. 预防为主

C. 分工负责　　D. 属地为主

E. 质量第一

30. 根据《小型水电站建设工程验收规程》SL 168—2012，小水电工程验收工作按工程项目划分及验收流程可分为（　　）。

A. 分部工程验收　　B. 单位工程验收

C. 合同工程完工验收　　D. 阶段验收

E. 单元工程验收

三、实务操作和案例分析题（共 4 题，每题 20 分）

（一）

背景资料：

某混凝土重力坝工程，坝基为岩基，大坝上游坝体分缝处设置紫铜止水片。

施工中发生如下事件：

事件 1：工程开工前，施工单位编制了常态混凝土施工方案。根据施工方案及进度计划安排，确定高峰月混凝土浇筑强度为 25000m^3。施工单位采用《水利水电工程施工组织设计规范》有关公式对混凝土拌合系统的小时生产能力进行计算，有关计算参数如下：小时不均匀系数 $K_h=1.5$，月工作天数 $M=25$d，日工作小时数 $N=20$h。经计算拟选用生产率为 35m^3/h 的 JS750 型拌合机 2 台。

事件 2：岩基爆破后，施工单位在混凝土浇筑前对基础面进行处理。监理单位在首仓混凝土浇筑前进行开仓检查。

事件 3：某一坝段混凝土初凝后 4h 开始保湿养护，连续养护 14d 后停止。

事件 4：监理人员在巡检过程中，检查了紫铜止水片的搭接焊接质量。

问题：

1. 根据事件 1，计算该工程需要的混凝土拌合系统小时生产能力，判断拟选用拌合设备的生产能力是否满足要求？指出影响混凝土拌合系统生产能力的因素有哪些？

2. 事件 2 中，岩基基础面需要做哪些处理？大坝首仓混凝土浇筑前除检查基础面处理外，还要检查的内容有哪些？

3. 指出事件 3 中的错误之处，写出正确做法。

4. 事件 4 中，紫铜止水片的搭接焊接质量合格的标准有哪些？焊缝的渗透检验采用什么方法？

（二）

背景资料：

某引调水枢纽工程，工程规模为中型，建设内容主要有泵站、节制闸、新筑堤防、上下游河道疏浚等，泵站地基设高压旋喷桩防渗墙，工程布置如图 1 所示。

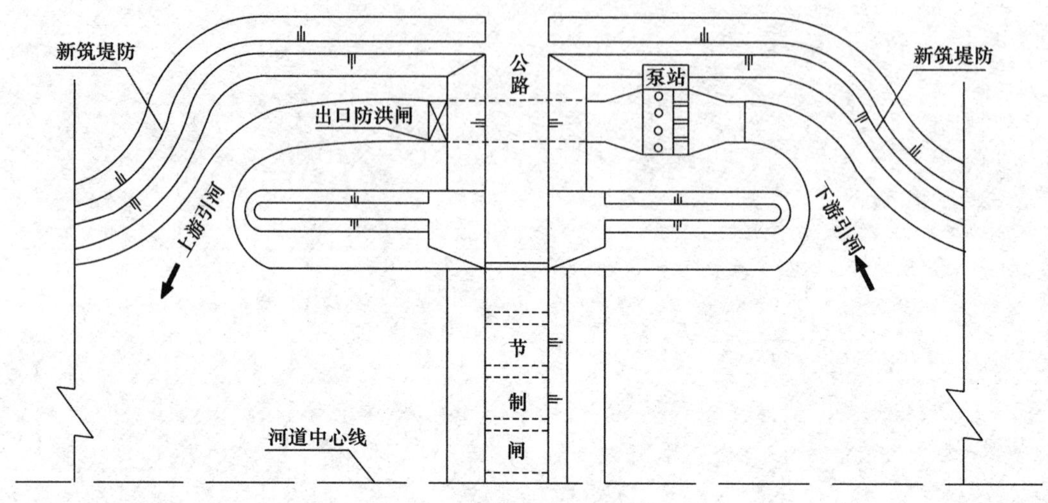

图 1　工程布置示意图

施工中发生如下事件：

事件 1：为做好泵站和节制闸基坑土方开挖工程量计量工作，施工单位编制了土方开挖工程测量方案，明确了开挖工程测量的内容和开挖工程量计算中面积计算的方法。

事件 2：高压旋喷桩防渗墙施工方案中，高压旋喷桩的主要施工内容包括：①钻孔、②试喷、③喷射提升、④下喷射管、⑤成桩。为检验防渗墙的防渗效果，旋喷桩桩体水泥土凝固 28d 后，在防渗墙体中部选取一点进行钻孔注水试验。

事件 3：关于施工质量评定工作的组织要求如下：分部工程质量由施工单位自评，监理单位复核，项目法人认定。分部工程验收质量结论由项目法人报工程质量监督机构核备，其中主要建筑物节制闸和泵站的分部工程验收质量结论由项目法人报工程质量监督机构核定。单位工程质量在施工单位自评合格后，由监理单位抽检，项目法人核定。单位工程验收质量结论报工程质量监督机构核备。

事件 4：监理单位对部分单元（工序）工程质量复核情况见表 1。

部分单元（工序）工程质量复核情况　　　　**表 1**

单元工程代码	单元工程类别	单元（工序）工程质量复核情况
A	堤防填筑	土料摊铺工序符合优良质量标准。土料压实工序中主控项目检验点 100%合格，一般项目逐项合格率为 87%～89%，且不合格点不集中
B	河道疏浚	主控项目检验点 100%合格，一般项目逐项合格率为 70%～80%，且不合格点不集中

事件 5：闸门制造过程中，监理工程师对闸门制造使用的钢材、防腐涂料、止水等材料的质量保证书进行了查验。启闭机出厂前，监理工程师组织有关单位进行启闭机整体组装

检查和厂内有关试验。当闸门和启闭机现场安装完成后，进行联合试运行和相关试验。

问题：

1. 事件1中，基坑土方开挖工程测量包括哪些工作内容？开挖工程量计算中面积计算的方法有哪些？

2. 指出事件2中高压旋喷桩施工程序（以编号和箭头表示）；指出并改正该事件中防渗墙注水试验做法的不妥之处。

3. 指出事件3中分部工程质量评定的不妥之处，并说明理由。改正单位工程质量评定错误之处。

4. 根据事件4，指出单元工程A中土料压实工序的质量等级，并说明理由；分别指出单元工程A、B的质量等级，并说明理由。

5. 事件5中，闸门制造使用的材料中还有哪些需要提供质量保证书？启闭机出厂前应进行什么试验？闸门和启闭机联合试运行应进行哪些试验？

（三）

背景资料：

某水库除险加固工程的主要工作内容有：坝基帷幕灌浆（A）、坝顶道路重建（B）、上游护坡重建（C）、上游坝体培厚（D）、发电隧洞加固（E）、泄洪隧洞加固（F）、新建混凝土截渗墙（G）、下游护坡重建（H）、新建防浪墙（I）。

施工合同约定，工程施工总工期17个月（每月按30d计，下同），自2011年11月1日开工至2013年3月30日完工。

施工过程中发生如下事件：

事件1：施工单位根据工程具体情况和合同工期要求，将主要工作内容均安排在非汛期施工。工程所在地汛期为7~9月份。施工单位分别绘制了两个非汛期的施工网络进度计划图，如图2和图3所示。

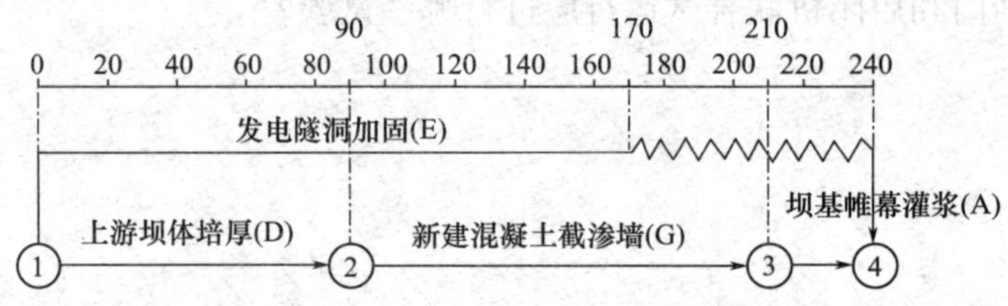

图2 非汛期的施工网络进度计划图（1）

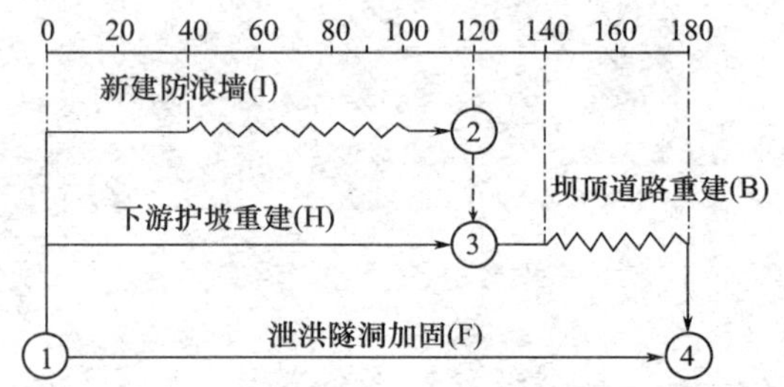

图3 非汛期的施工网络进度计划图（2）

监理工程师审核意见如下：

（1）上游护坡重建（C）工作应列入施工网络进度计划，并要确保安全度汛。

（2）应明确图2和图3施工进度计划的起止日期。

施工单位根据监理工程师审核意见和资源配置情况，确定上游护坡重建（C）工作持续时间为150d，C工作具体安排为：第一个非汛期完成总工程量的80%，其余工程量安排在第二个非汛期施工且在H工作之前完成。据此施工单位对施工网络进度计划进行了修订。监理工程师批准后，工程如期开工。

事件2：施工单位对发电隧洞加固（E）工作施工进度有关数据进行统计，绘制的工作进度曲线如图4所示。

事件3：坝顶道路施工中，项目法人要求设计单位将坝顶水泥混凝土路面变更为沥青混凝土路面。因原合同中无相同及类似工程，施工单位向监理工程师提交了沥青混凝土路面报价单。总监理工程师审定后调低该单价。施工单位认为价格过低，经协商未果，为维护

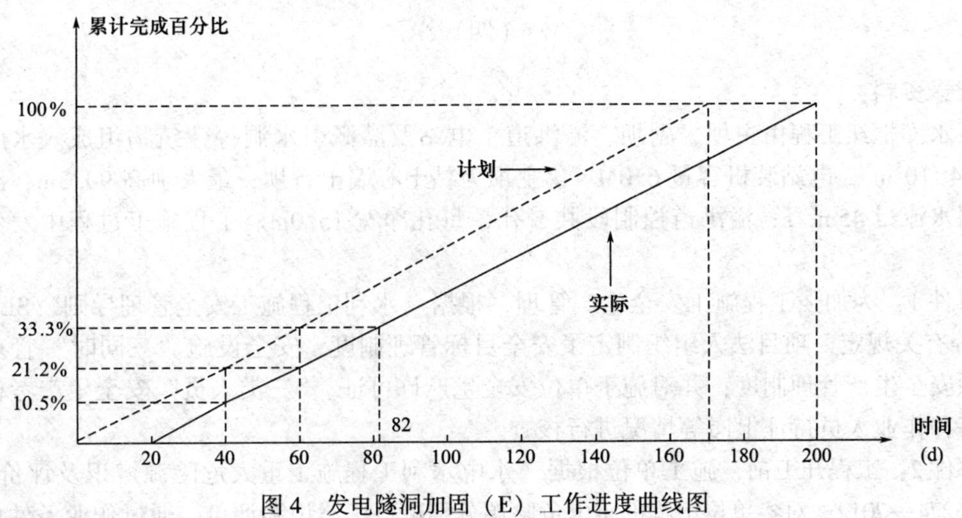

图 4　发电隧洞加固（E）工作进度曲线图

自身权益遂停止施工，并书面通知监理工程师。

问题：

1. 分别写出图 2、图 3 中施工网络进度计划的开始和完成日期。

2. 根据事件 1，用双代号非时标网络图绘制出修订后的施工进度计划（用工作代码表示）。

3. 根据事件 2，指出 E 工作第 60 天末实际超额（或拖欠）计划累计工程量的百分比，提前（或拖延）的天数。指出 E 工作实际持续时间，并简要分析 E 工作的实际进度对计划工期的影响。

4. 事件 3 中，施工单位停工的做法是否正确？施工单位可通过哪些途径来维护自身权益？

（四）

背景资料：

某水库枢纽工程由主坝、副坝、溢洪道、电站及灌溉引水洞等建筑物组成。水库总库容 $5.84\times10^8m^3$，电站装机容量 6.0MW；主坝为黏土心墙土石坝，最大坝高 90.3m；灌溉引水洞引水流量 $45m^3/s$；溢洪道控制段共 5 孔，每孔净宽 15.0m。工程施工过程中发生如下事件：

事件 1：为加强工程施工安全生产管理，根据《水利工程施工安全管理导则》SL 721—2015 等有关规定，项目法人组织制定了安全目标管理制度、安全设施“三同时”管理制度等多项安全生产管理制度；并对施工单位安全生产许可证、“三类人员”安全生产考核合格证及特种作业人员持证上岗等情况进行核查。

事件 2：工程开工前，施工单位根据《水电水利工程施工重大危险源辨识及评价导则》DL/T 5274—2012，对各单位工程的重大危险源分别进行了辨识和评价。通过作业条件危险性评价，部分单位工程的危险性大小 D 值及事故可能造成的人员伤亡数量和财产损失情况如下：

主坝：危险性大小值 D 为 240，可能造成 10～20 人死亡，直接经济损失 2000 万～3000 万元。

副坝：危险性大小值 D 为 120，可能造成 1～2 人死亡，直接经济损失 200 万～300 万元。

溢洪道：危险性大小值 D 为 270，可能造成 3～5 人死亡，直接经济损失 300 万～400 万元。

引水洞：危险性大小值 D 为 540，可能造成 1～2 人死亡，直接经济损失 1000 万～1500 万元。

事件 3：电站基坑开挖前，施工单位编制了施工措施计划，部分内容如下：

（1）施工用电由系统电网接入，现场安装变压器一台。

（2）基坑采用明挖施工，开挖深度 9.5m；下部岩石采用爆破作业，规定每次装药量不得大于 50kg，雷雨天气禁止爆破作业。

（3）电站厂房墩墙采用落地式钢管脚手架施工，墩墙最大高度 26.0m。

（4）混凝土浇筑采用塔式起重机进行垂直运输，每次混凝土运输量不超过 $6m^3$，并要求风力超过 7 级暂停施工。

问题：

1. 指出本水库枢纽工程的等别、电站主要建筑物和临时建筑物的级别以及本工程施工项目负责人应具有的建造师级别。

2. 根据《水利工程建设安全生产管理规定》（水利部令第 26 号）和《水利工程施工安全管理导则》SL 721—2015，说明事件 2 中“三类人员”和“三同时”所代表的具体内容。

3. 根据《水利水电工程施工重大危险源辨识及评价导则》DL/T 5274—2012，依据事故可能造成的人员伤亡数量及财产损失情况，重大危险源共划分为几级？根据事件 2 的评价结果，分别说明主坝、副坝、溢洪道、引水洞单位工程的重大危险源级别。

4. 根据《水利水电工程施工重大危险源辨识及评价导则》DL/T 5274—2012，在事件 3 涉及的生产、施工作业区中，宜列入重大危险源重点评价对象的有哪些？

考前冲刺试卷（三）参考答案及解析

一、单项选择题

1. B；　2. B；　3. B；　4. D；　5. B；
6. A；　7. C；　8. D；　9. B；　10. B；
11. B；　12. B；　13. A；　14. B；　15. B；
16. D；　17. C；　18. C；　19. B；　20. B。

【解析】

1. B。本题考核的是水库大坝施工期洪水标准。水库大坝施工期洪水标准见表 2。

水库大坝施工期洪水标准［重现期（年）］　　表 2

坝型	拦洪库容（10^8m^3）			
	≥10	<10，≥1.0	<1.0，≥0.1	<0.1
土石坝［重现期（年）］	≥200	200~100	100~50	50~20
混凝土坝、浆砌石坝［重现期（年）］	≥100	100~50	50~20	20~10

2. B。本题考核的是围堰的类型。袋装土围堰是指用土工合成材料编织成一定规格的袋子，用泥浆泵充填沙性土，垒砌后经泌水密实成型的土方工程。在河堤的抢险、围海工程中也较常使用。

3. B。本题考核的是水胶比对水泥浆稀稠的影响。在水泥品种一定的条件下，水泥浆的稀稠取决于水胶比的大小。当水胶比较小时，水泥浆较稠，拌合物的黏聚性较好，泌水较少，但流动性较小，相反，水胶比较大时，拌合物流动性较大但黏聚性较差，泌水较多。

4. D。本题考核的是隧洞导流的适用范围。隧洞导流适用于河谷狭窄、两岸地形陡峻、山岩坚实的山区河流。

5. B。本题考核的是压水试验。灌浆前进行简易压水试验，采用单点法，试验孔数一般不宜少于总孔数的 5%，即 200×5%＝10 个。

6. A。本题考核的是特殊荷载。模板及其支架承受的荷载分基本荷载和特殊荷载两类。风荷载属于特殊荷载。选项 B、C、D 属于基本荷载。

7. C。本题考核的是外加剂的应用。选项 A 错误，能提高抗渗性、抗冻性、但强度略有降低。选项 B 错误，早强剂特别适用于冬期施工或紧急抢修工程。选项 D 错误，应掺缓凝剂。

8. D。本题考核的是土石坝坝面作业要求。黏性土料含水量偏低，主要应在料场加水，若需在坝面加水，应力求“少、勤、匀”，以保证压实效果。对非黏性土料，为防止运输过程脱水过量，加水工作主要在坝面进行。石碴料和砂砾料压实前应充分加水，确保压实质量。

9. B。本题考核的是水利水电工程高空作业的基本要求。高处作业分为一级高处作业、二级高处作业、三级高处作业以及特级高处作业，因此选项 B 错误。

10. B。本题考核的是爆破作业的相关要求。选项 A 错误，点燃导火索应使用香或专用点火工具，禁止使用火柴、香烟和打火机。选项 C 错误，连接导爆索中间不应出现断裂破皮、打结或打圈现象。选项 D 错误，导爆索只准用快刀切割，不得用剪刀剪断导火索。

11. B。本题考核的是坝面作业。选项 A 错误，应平行于坝轴线进行。选项 C 错误，应在料场加水。选项 D 错误，石渣料和砂砾料压实前应充分加水。

12. B。本题考核的是堆石坝坝体分区。堆石坝坝体材料分区主要有垫层区、过渡区、主堆石区、下游堆石区（次堆石料区）等，如图 5 所示。

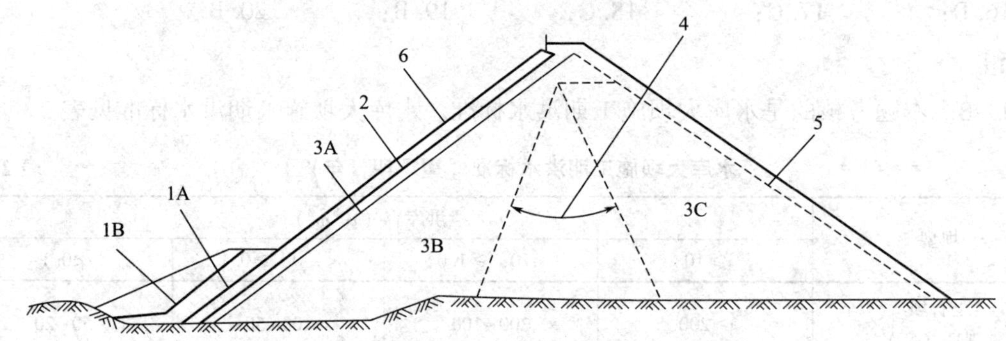

图 5　堆石坝坝体分区

1A—上游铺盖区；1B—压重区；2—垫层区；3A—过渡区；3B—主堆石区；3C—下游堆石区；
4—主堆石区和下游堆石区的可变界线；5—下游护坡；6—混凝土面板

13. A。本题考核的是中标候选人的公示。招标人应当自收到评标报告之日起 3 日内公示中标候选人。

14. B。本题考核的是水利工程质量事故分类。一般质量事故指对工程造成一定经济损失，经处理后不影响正常使用并不影响使用寿命的事故。

15. B。本题考核的是水电建设工程有关设计质量管理的主要内容。设计单位推荐材料、设备时应遵循“定型不定厂”的原则，不得指定供货厂家或产品。

16. D。本题考核的是水利水电工程施工质量评定表的使用。“质量等级”栏应由复核质量的监理人员填写。

17. C。本题考核的是施工单位的安全生产责任。施工单位应当在施工组织设计中编制安全技术措施和施工现场临时用电方案，对下列达到一定规模的危险性较大的工程应当编制专项施工方案，并附具安全验算结果，经施工单位技术负责人签字以及总监理工程师核签后实施，由专职安全生产管理人员进行现场监督：(1) 基坑支护与降水工程。(2) 土方和石方开挖工程。(3) 模板工程。(4) 起重吊装工程。(5) 脚手架工程。(6) 拆除、爆破工程。(7) 围堰工程。(8) 其他危险性较大的工程。

18. C。本题考核的是工程质量控制。平行检测的检测数量，混凝土试样不应少于承包人检测数量的 3%；重要部位每种强度等级的混凝土最少取样 1 组；土方试样不应少于承包人检测数量的 5%；重要部位至少取样 3 组；跟踪检测的检测数量，混凝土试样不应少于承包人检测数量的 7%，土方试样不应少于承包人检测数量的 10%。

19. B。本题考核的是小水电站工程阶段验收的基本要求。提出机组启动验收鉴定书后，应办理机组交接手续进行试生产运行，试生产期限为 6 个月（经过一个汛期）至 12 个月。

20. B。本题考核的是水利水电工程注册建造师堤防工程的执业工程规模标准。堤防工程不分等别，因此其执业工程规模标准根据其级别来确定。

二、多项选择题

21. D、E；	22. A、B、C、D；	23. D、E；
24. B、C、D；	25. B、C、E；	26. A、B、E；
27. A、B、E；	28. A、B、C、E；	29. B、C、D；
30. A、B、C、D。		

【解析】

21. D、E。本题考核的是用来确定叶片泵安装高程的性能参数。在叶片泵性能参数中，允许吸上真空高度或必需汽蚀余量，表征叶片泵汽蚀性能的参数，用来确定泵的安装高程。

22. A、B、C、D。本题考核的是边坡变形破坏类型。常见到的边坡变形破坏主要有松弛张裂、蠕动变形、崩塌、滑坡四种类型。

23. D、E。本题考核的是反映钢筋塑性性能的基本指标。反映钢筋塑性性能的基本指标是伸长率和冷弯性能。

24. B、C、D。本题考核的是混凝土表层加固方法。混凝土表层加固，有以下几种常用方法：（1）水泥砂浆修补法。（2）预缩砂浆修补法。（3）喷浆修补法。（4）喷混凝土修补法。（5）钢纤维喷射混凝土修补法。（6）压浆混凝土修补法。（7）环氧材料修补法。

25. B、C、E。本题考核的是水利工程建设项目管理“三项”制度。《水利工程建设项目管理规定（试行）（2016 年修订）》（水建［1995］128 号）明确，水利工程项目建设实行项目法人责任制、招标投标制和建设监理制，简称“三项”制度。

26. A、B、E。本题考核的是施工场区施工通风、散烟及除尘。选项 C 错误。小断面长洞开挖宜采用吸出式通风。选项 D 错误。大断面长洞开挖宜采用混合式通风。

27. A、B、E。本题考核的是危险性较大单项工程的规模标准。选项 C、D 属于超过一定规模的危险性较大的单项工程。

28. A、B、C、E。本题考核的是水工程实施保护的规定。《水法》第三十八条规定，在河道管理范围内建设桥梁、码头和其他拦河、跨河、临河建筑物、构筑物，铺设跨河管道、电缆，应当符合国家规定的防洪标准和其他有关的技术要求，工程建设方案应当依照防洪法的有关规定报经有关水行政主管部门审查同意。

29. B、C、D。本题考核的是水利生产安全事故应急管理工作原则。水利生产安全事故应急管理工作原则包括：（1）以人为本，安全第一。（2）属地为主，部门协调。（3）分工负责，协同应对。（4）专业指导，技术支撑。（5）预防为主，平战结合。

30. A、B、C、D。本题考核的是小水电工程验收分类。小水电工程验收工作按工程项目划分及验收流程可分为分部工程验收、单位工程验收、合同工程完工验收、阶段验收（含机组启动验收）、专项验收和竣工验收，各项验收工作应互相衔接，避免重复。

三、实务操作和案例分析题

（一）

1. 混凝土拌合系统小时生产能力的计算公式为：

$$P = K_h Q_m / MN$$

则该工程需要的混凝土拌合系统小时生产能力 = 1.5×25000/（25×20）= 75m³/h。

经计算拟选用生产率为 35m³/h，由此可知：2×35 = 70m³/h<75m³/h，不满足要求。

影响混凝土拌合系统生产能力的因素有：设备容量、台数、生产率等。

2. 事件 2 中，岩石基础面需要做以下处理：用人工清除表面松软岩石、棱角和反坡，并用高压水枪冲洗，若粘有油污和杂物，可用金属丝刷洗，直至洁净为止，最后用高压风吹至岩面无积水。

大坝首仓混凝土浇筑前除检查基础面处理外，还要检查的内容有：模板、钢筋及止水安设（注：预埋件不给分）等内容。

3. 对事件 3 中混凝土养护错误之处的判断及正确做法如下。

错误之处一：混凝土初凝后 4h 开始保湿养护。

正确做法：常态混凝土应在初凝后 3h 开始保湿养护。

错误之处二：连续养护 14d 后停止。

正确做法：混凝土宜养护至设计龄期，养护时间不宜少于 28d。

4. 事件 4 中，紫铜止水片的搭接焊接质量合格的标准有：（1）双面焊接，其搭接长度应大于 20mm。（2）焊缝应表面光滑、不渗水，无孔洞、裂隙、漏焊、欠焊、咬边伤等缺陷。焊缝的渗透检验应采用煤油做渗透检验。

（二）

1. 基坑土方开挖工程测量的工作内容包括：

①开挖区原始地形图和原始断面图测量。

②开挖轮廓点放样。

③开挖过程中，测量收方断面图或地形图。

④开挖竣工地形、断面测量和工程量测量。

开挖工程量计算中面积计算的方法可采用解析法或图解法（求积仪）。

2. 高压旋喷桩施工程序：①→④→②→③→⑤（或：①→④、④→②、②→③、③→⑤）。

事件 2 中防渗墙注水试验做法不妥之处：在防渗墙体中部选取一点钻孔进行注水试验。

改正：应在旋喷桩防渗墙水泥凝固前，在指定位置贴接加厚单元墙，待凝固 28d 后，在防渗墙和加厚单元墙中间钻孔进行注水试验，试验点数不少于 3 点。

3. 事件 3 中分部工程质量评定的不妥之处、理由及改正。

不妥之处：主要建筑物节制闸和泵站的分部工程验收质量结论由项目法人报工程质量监督机构核定。

理由：本枢纽工程为中型枢纽工程（或应报工程质量监督机构核备）。大型枢纽工程主要建筑物的分部工程验收质量结论由项目法人报工程质量监督机构核定。

改正：单位工程质量，在施工单位自评合格后，由监理单位复核，项目法人认定。单位工程验收的质量结论由工程质量监督机构核定。

4. 土料压实工序质量等级为合格，因为一般项目合格率<90%。

A 单元工程质量等级为合格，因为该单元工程一般项目逐项合格率为 87%~89%（大于 70%，而小于 90%）、主要工序（或土料压实工序）合格。

B 单元工程质量等级为不合格，因为该单元工程为河道疏浚工程，逐项应有 90%及以上的检验点合格。

5. 闸门制造使用的材料中还需要提供质量保证书的有闸门制造使用的焊材、标准件和非标准件。

启闭机出厂前应进行空载模拟试验（或额定荷载试验）。

闸门和启闭机联合试运行应进行电气设备试验、无载荷试验（或无水启闭试验）和载荷试验（或动水启闭试验）

（三）

1. 图 1 中开始日期为 2011 年 11 月 1 日，完成日期为 2012 年 6 月 30 日；图 2 中开始日期为 2012 年 10 月 1 日，完成日期为 2013 年 3 月 30 日。

2. 修订后的施工进度计划如图 6、图 7 所示：

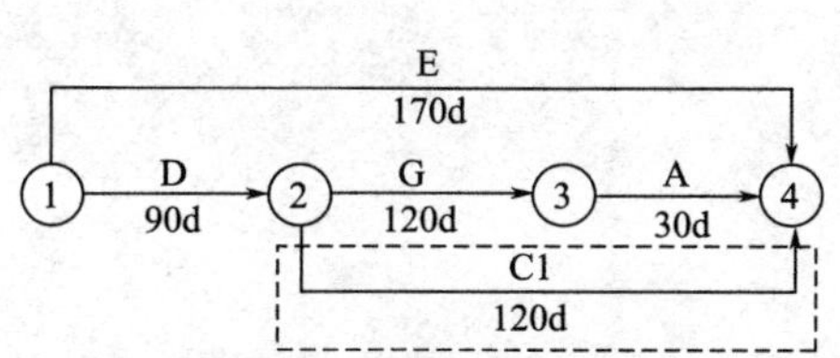

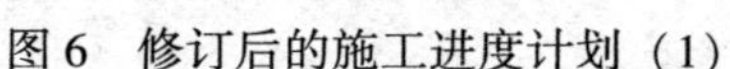
图 6　修订后的施工进度计划（1）

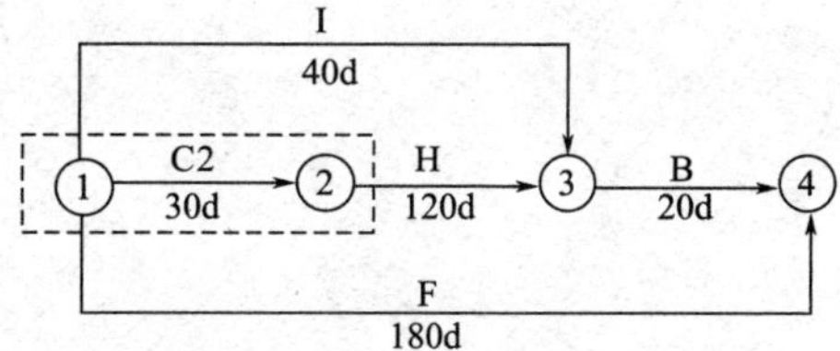

图 7　修订后的施工进度计划（2）

注：C1、C2 分别代表 C 工作在两个非汛期完成的相应工作。

3.（1）第 60 天末，E 工作实际拖欠计划累计工程量为 12. 1%；拖延 20d。

（2）E 工作实际持续时间为 180d；不影响计划工期，因为 E 工作拖延时间为 30d，未超过 E 工作的总（自由）时差 70d。

4. 施工单位停工的做法不正确。

施工单位可通过合同争议的处理方式维护自身权益，具体途径包括：提请争议评审组评审（调解）、仲裁、诉讼。

（四）

1. 本水库枢纽工程等别为Ⅱ等，电站主要建筑物级别为 2 级、临时建筑物级别为 4 级，项目负责人应具有建造师级别为一级。

2. “三类人员”是指：施工单位的主要责任人、项目负责人、专职安全生产管理人员。“三同时”是指：工程安全设施与主体工程应同时设计、同时施工、同时生产和投入使用。

3. 依据事故可能造成的人员伤亡数量及财产损失情况，重大危险源共划分为 4 级。

根据事件 2 的评价结论对主坝、副坝、溢洪道、引水洞单位工程重大危险源级别的判定：

主坝单位工程的重大危险源级别为二级。

副坝单位工程的重大危险源级别为四级。

溢洪道单位工程的重大危险源级别为三级。

引水洞单位工程的重大危险源级别为三级。

4. 事件 3 涉及的生产、施工作业区中，宜列入重大危险源重点评价对象进行辨别的有：变压器、开挖深度大于 4m 的深基坑作业、高度超过 24m 的落地式钢管脚手架、塔式起重机存在大风区域作业、塔式起重机的安装及拆卸。